KB010580

陸海空(육해공) 속에서 찾아낸
우리나라 음식 비밀

음식탐구1

陸海空(육해공) 속에서 찾아낸
우리나라 음식 비밀

음식탐구1

조재오 著

뱅크북

글머리

공자님은 나이 일흔에 마음이 하고자 하는 대로 하여도 법도를 넘어서거나 어긋나지 않았다(從心所欲 不踰矩)고 하셨지만 어찌하다 보니 벌써 칠순을 넘긴 저는 공자님 같은 분하고는 거리가 멀게 아직도 철없던 젊은 시절의 행동거지를 크게 벗어나지 못하고 있습니다.

그간 치과의학 중 구강병리학을 전공하고 교직의 길을 걸어오는 동안 수많은 환자의 목숨을 좌우할 수도 있는 질환을 진단하고, 치료에 관여하여 그 결과로 생과 사의 갈림길에서 고뇌하는 환자의 입장을 이해하고, 때로는 환자의 죽음 앞에서 너무나 무능한 저 자신을 자책하면서 보낸 시간도 많았습니다. 때로는 환자의 목숨을 경각에 달하게 할 수도 있는 진단에 대한 엄청난 책임감이 제 마음을 짓눌러 고뇌하며 보낸 시간도 많았습니다. 그러나 이제는 무거운 짐을 벗어던지고 가벼운 마음으로 선무당의 칼춤을 추고 있습니다.

학자에 따라서 다양한 주장이 있지만 사람의 3대 욕구로는 수면욕, 식욕, 배설욕으로 대별할 수 있습니다. 이 세 가지 욕구는 사람의 생명을 유지하기 위해서 어느 것 하나 소홀히 할 수 없는 것이지요.

필자가 음식에 대해서 관심을 갖고 졸고를 쓰는 것을 아는 지인들이 치과의사로서 좀 의외라고 간간이 화제가 되곤 합니다. 그러나 저는 우리의 신체에서 식욕의 해결을 위한 최전선인 구강의 감각기관 및 저작기관에서 발생할 수도 있는 질병을 다루는 구강병리 학자로서 우리가 섭취하는 다양한 음식의 재료와 그에 따른 맛을 비교 분석하는 것은 당연한 자세라고 생각하고, 또 필자가 그간 공부해온 구강병리학 분야와 관계가 먼 이야기가 아니라는 자기변명(?)을 늘어놓곤 합니다.

현대를 사는 우리들은 살기 위해서 먹을 수밖에 없었던 우리들의 선조들의 절박함과는 달리 마음의 여유를 갖고 음식을 음미하고 즐기며 사는 시대가 되었습니다. 예전에는 유교적인 윤리관과 관습에 젖어 있던 우리들에게 남자가 부엌 출입을 하는 것 자체가 그리 점잖은 일은 아니라는 인식이 생각의 저변에 자리 잡고 있었습니다. 그러나 시간이 여유로운 주말 저녁 가장이 솜씨를 보인 소위 가장표(家長票)(?) 전속 식단으로 온 가족이 단란하게 식사를 즐길 수 있는 시간을 가질 수 있다면 우리의 생활을 훨씬 풍요롭고 보람차게 해줄 것입니다.

이 책에 실린 글 중 일부는 치학신문에 연재했던 것들입니다. 마감에 쫓겨 쓴 글들도 있어 거칠기 짝이 없기도 하지만 평소에 하고 싶었던 말들도 많이 포함되어 있습니다. 낯선 공간으로 이끌어 주신 분들께 심심한 감사를 드립니다. 마지막으로 음식 탐구를 통해 여러분들이 멋진 식도락가가 된다면 삶이 한층 더 값지고 더할 나위 없는 의미 있는 생활로 변할 수 있을 것이라고 생각합니다.

문단의 감칠맛을 더 하기 위해서 제 둘째 여식 예진(叡鎭)이 그린 삽화를 첨부하였습니다. 아비로서 고마운 마음을 전합니다.

태어나는 것이 제 뜻이 아니듯이 이 세상을 하직함도 제 뜻대로 되는 것은 아니지요. 저는 지금까지 한국인들의 평균수명에는 아직 미치지 못하는 삶을 살아왔지만 얼마 일지 모르는 남은 삶을 희망과 열정을 가지고 마무리하려고 합니다.

아낌없으신 격려와 지도 편달을 바랍니다.

감사합니다.

2020年 12月

著者 曉江 趙載五 識

차례

육(陸)권에 나오는 음식탐구

해(海)권에 나오는 음식탐구

공(空)권에 나오는 음식탐구

육(陸)권에 나오는 음식탐구

1. 감 : 혈중 알코올 농도 상승률을 낮춰줘
2. 개성보쌈김치 : 새콤달콤 시원한 겨울별미
3. 곤드레나물 : 양념장 비벼 된장찌개 곁들여
4. 냉면 : 동치미 국물에 한기 느껴야 별미
5. 노루 : 씹을 거 없이 입 안서 살살 녹아
6. 대추 : 단맛과 신맛 조화로 당분 많은 고칼로리
7. 돼지고기두루치기 : 매콤한 양념에 밴 고기와 김치
8. 떡 : 만드는 방법 과학적이고 합리적
9. 떡국 : 기다란 가래떡 무병장수 의미
10. 만두 : 다양한 만두피 보편화로 쉽게 즐겨
11. 묵 : 계절마다 묵 재료와 맛 달라
12. 밤 : 전분 많아 소화 잘되고 허약체질에 좋아
13. 배 : 추위에 기관지 보호해 줄 약선 음료
14. 보신탕 : 단백질 흡수율 높아 회복용으로 인기
15. 부대찌개 : 육수만 부으면 불어나는 맞춤요리
16. 부추 : 소화작용 돕고 암 예방 효과 알려져
17. 비빔밥 : 기술 필요없이 온갖 나물 넣고 비벼
18. 빈대떡 : 녹두 불려 맷돌에 곱게 갈고 얇게 부쳐
19. 생사탕 : 생식하면 기생충으로 낭성 종괴 유발
20. 설렁탕 : 소고기와 뼈 국물로 뽀얗고 진해

감 : 혈중 알코올 농도 상승률을 낮춰줘

필자가 광주 조선치대에 몸담고 있을 시절 하루의 일과가 끝나면 병원 옆의 정구장에서 하루를 마감하곤 하였다. 정구장 옆에는 감나무가 몇 그루 있었는데, 어느 해 가을 하루는 정구를 치다가 우연히 공에 맞아서 떨어진 감을 맛보았는데 단맛이 괜찮았었다. 그 후로는 그 단감이 정구를 치다가 잠시 쉴 때의 병원 테니스 회원들의 간식거리로 요긴하게 쓰였었다. 늦가을이 되어 이슬이 내릴라치면 그 감들을 모두 따서 병원 직원 식당에서 점심 식사 후식으로 직원들 식판에 오르곤 하였었다.

그러던 어느 해 가을 주말을 지내고 월요일 정구장에 가보니 그 많던 감(柿)이 자취를 감추었다. 자초지종을 알아보니 할머니(이사장)의 아부파(?)이던 병원 모 행정과장이 충성심이 발동하여 휘하 직원들을 동원하여 감을 싹쓸이(?)하여 할머니한테 상납(?)하였다나! 생각지도 않던 많은 감에 놀란 할머니는 처치곤란으로 일하는 사람들에게 선심을 쓰셨다는 웃지 못할 일이 알려져서 실소를 금할 수 없었다.

감(柿, persimmon)은 감나무속 나무에서 나는 과일이다. 감은 쌍떡잎식물이며 낙엽 활엽교목이며 종류가 많다. 곶감을 만드는 둥시, 홍시를 만드는 대봉과 반시, 또한 개량종인 왕대봉(하찌야)은 일본에서 개량되어 만들어진 아주 큰 감이다. 단감은 원래 떫은 감을 따서 소금에 담가 만들어 먹으며 단과(丹果)라고도 한다. 그러나 지금 단감은 기술적으로 접목이라는 기술을 익혀 고욤이라는 대목에 단감을 접목해서 만들어져 생산된다.

감나무는 학명이 Diospyros kaki로 한국, 중국, 일본 지역에서 주로 재배되며 맛이 매우 달고 가공, 저장이 쉬워 말려 먹거나 다른 음식에 넣어 먹기도 한다. 디오스프린이라는 탄닌 성분이 떫은 맛을 내고 이 성분이 많이 먹었을 때 변비를 일으키기도 한다. 크게 단단한 상태에서 먹는 단감과 완전히 익은 홍시(연시:물렁감), 그리고 말려서 먹는 곶감의 형태로 먹는다.

감은 우리나라 제사상(祭祀床)에 놓는 과일의 기본 4가지 중의 하나로, 대추[棗조]는 씨가 하나이므로 임금을, 밤[栗율]은 한 송이에 3톨이 들어있으므로 3정승(政丞)을, 배[梨이]는 씨가 6개 있어서 6조판서(六曹判書)를, 감[柿시]은 씨가 8개 있으므로 조선8도[朝鮮八道]를 각각 상징한다는 속설(俗說)이 전해 온다.

곶감은 생감을 가공하여 만드는 말린 과일(乾果)로 곶감의 흰 가루는 과당, 포도당, 만니톨 등 당류로 이루어져 있다. 한중일 모두 곶감을 만드는 문화가 있지만 중국에는 비교적 덜 알려져 있는 편이다. 곶감의 어원에 대해서는 여러 가지 가설이 있지만, 꼬챙이에 꽂아서 말린 감이라는 쪽이 유력하다. "꽂다"라는 뜻의 고어가 곶-이란 발음이 되는 사례가 다른 한국어 고어에서도 나오기도 하니까. 한자 串도 원래 '꿰뚫을 관'인데 훈독으로 '곶'이라는 단어를 붙였다는 얘기도 있다.

곶감에 쓰이는 감과 생식하는 단감은 품종이 다르다. 곶감의 재료가 되는 감은 둥근 모양에 떫은 맛이 나는 재래종이고, 둥글납작한 모양의 단감은 모두 일본에서 들어온 품종이다. 지역적 특산물에 대한 지리적 표시제로 상주시, 산청군, 함양군, 영동군, 덕산의 곶감이 등록되어 있는데, 특히 경상북도 상주시에서 생산되는 곶감이 유명하며 맛 또한 뛰어나서 '호랑이도 놀라서 도망갈(?) 맛'이다. 감이 익을 철에 울안에 서리를 맞으면서 붉게 물들어 가지에 가득 달려있는 감은 우리에게 마음 저 켠에 새겨진 향수를 느끼기에 충분하다.

미국 California를 여행해본 사람이면 정원이나 농장 가득이 감이 주렁주렁 달린 감나무를 보고 감탄하곤 한다. 그러나 그곳 교포들의 말로는 그곳의 백인들은 감을 먹지 않고 아예 감이라는 과일에 대해 관심조차 없다고 한다. 실제로 California 교외의 집을 팔고 살 때 땅값 외에 감나무 값은 더 받지를 않고 다만 집이 더 빨리 팔리게 할 수 있는 환경이 될 뿐이라고 한다. 그냥 땅값에 얹어진 덤으로 감나무를 얻었을 뿐 감나무 값은 별도로 치지 않고 땅값만 주고 산다고 한다. 설사 탐스러운 감이 익어서 감을 따서 마켓에 팔려 해도 인건비조차 안 나오는 값이니 아예 팔 생각을 안하는 실정이라고 한다.

필자가 광주 조선치대에 몸 담고 있을 시절 외국 교수님들이 오시면 남도의 정취가 가득한 한정식 집에 자주 모시곤 하였다. 한 상 가득한 남도 특유의 음식에 놀란 입을 다물 줄 몰랐고, 특히 그 분들은 후식으로 나오는 수정과의 맛을 보곤 놀라워하며 만드는 방법을 묻곤 하였었다. 그들은 평소에 거들떠보지도 않던 보잘 것 없는 과일에서 생전 처음 맛보는 맛이 나왔으니 내심으로 신기했을 것이다.

2014년 CNN travel에서 외국인이 좋아하는 한국 음료 20가지를 조사해본바 1위 복분자주, 3위 소주, 4위 오미자차, 5위 막걸리, 6위 유자차, 7위 청주, 그 외에 수정과가 20위를 차지하고 있었다. 단순 비교 20위가 아니라 백인들은 감을 거의 먹지 않는데 그런 분위기에서 수정과가 20위를 차지하였다는 것은 놀랄 만한 일이다.

한국의 전통 음료인 수정과를 만들 때 말린 감을 사용하기도 하며, 익은 감을 발효시켜 감식초를 만들기도 하며 감의 잎을 말려 감잎차를 만든다.

감에는 비타민 A·C가 골고루 들어있어 피로 해소와 감기 예방에 탁월하며, 식이섬유 함량이 높아 장 기능을 개선한다. 해독·항산화 효과가 있으며, 칼륨과 마그네슘 등이 풍부하게 함유되어 있다. 고혈압 예방, 혈중 알코올의 상승률을 낮추는 효능도 있다.

2

개성보쌈김치 : 새콤달콤 시원한 겨울별미

인류가 음식을 오래도록 보관하기 위한 방법으로 건조를 통해 수분을 증발시키는 방법이 있었고 이후 인류는 소금으로 절이는 방법으로 발전하였으며, 그 다음 단계가 발효시키는 식품저장방법이 나왔다. 김치도 이런 식품저장 발전과정과 단계를 같이 하고 있다. 우리조상들도 염전에서 생산되는 소금을 이용해서 식품을 절이는 방법을 개발하였고 이것이 김치의 시작이다. 오래전부터 우리 조상들은 쌀을 주식으로 하는 농경사회였기 때문에 비타민과 각종 미네랄을 채소를 통해 섭취하였다. 그러나 4계절이 뚜렷한 기후 특징으로 한겨울에 채소를 먹을 수 없게 되자 염전에서 생산되는 소금으로 배추를 절이게 되었고, 이것이 점차 발전하여 오늘날의 김치가 된 것이다.

김치는 세계 5대 건강식품에 당당히 한 자리를 차지하고 있다. 미국의 건강전문잡지 ≪헬스≫는 최근 기사에서 "김치에는 비타민과 섬유질뿐 아니라 소화를 향상시키는 유산균이 풍부하며 최근 연구에서 암세포 증식을 막아준다는 것이 입증됐다"고 찬사를 보냈다.

일제 강점기하에 김치냄새가 난다고 조선 사람을 멸시하던 일본인들조차 최근에는 김치관광단을 모집하여 한국에서 김치 담는 법을 배워갈 정도로 인기가 있는 시대가 왔고, 수년 전 일본을 들러서 한국에 왔던 미국 Clinton 대통령조차도 한국에서의 국빈만찬 중에 나온 김치를 보고 이미 먼저 들렀던 일본에서 만찬 중에 김치를 맛보았다고 해서 김치종주국인 한국의 김치를 앞질러 선전해준 일본의 친절(?)에 전 국민들이 감격(?) 한 적이 있을 정도로 세계의 음식이 되었다.

약 3천 년 전의 중국 문헌 ≪시경(詩經)≫에 오이를 이용한 채소절임을 뜻하는 것으로 추정되는 '저(菹)'라는 글자가 나오는데, 이것이 김치에 대해 언급한 최초의 문헌이다. 그리고 상고시대 때 김치류를 총칭하는 말로 소금에 절인 야채를 뜻하는 침채(沈菜)라는 말에서 오늘날 김치의 어원을 찾을 수 있다. 침채는 유독 우리나라에서만 사용되는 용어로 이것은 아마 소금에 절인 채소류가 국물이 나와 그 속에 잠기게 되는 김치 담그는 방법이다. 이것을 1475년 소혜왕후가 지은 내훈(內訓)에서 '저'를 침채라 하였고, 1481에 간행된 두시언해(杜時諺解)에서 '저'를 '디히'라는 말로 번역을 하였고, 1527년 최세진(崔世珍)이 지은 훈몽자회(訓蒙字會)에서는 저를 일컬어 "딤채 조"라 하였는데, 한국어학자 박갑수(朴甲洙)는 김치의 어원에 대해, '딤채'가 '팀채'로 변하고 다시 '딤채'가 되었다가 구개음화하여 '김채', 다시 '김치'가 되었다고 설명하였다. 구개음화는 '디→지→기'로 변화되는 현상을 말한다.

지금과 같은 우리 김치의 형태가 시작한 것은 외래 채소들, 특히 결구배추가 도입 재배되어 이를 주재료로 사용하면서부터이다. 배추에 대한 기록으로 정약용(丁若鏞)은 1820년 ≪죽란물영고(竹欄物名考)≫에서 "숭채(菘菜)는 방언으로 배초(拜草)라고 하는데 이는 중국 백채(白菜)의 와전"이라고 하였다. 그러나 이 배추는 오늘 날의 결구형이 아닌 봄동이나 얼갈이 배추이었을 것으로 여겨진다. 1900년대 전까지만 해도 김치의 주재료는 무였고 20세기에 들어 중국의 산동 지방에서 배추가 수입된 후에 배추김치가 보급(普及)되기 시작하였다.

보쌈김치는 원래 개성에서 유래된 향토 음식의 하나로 '보김치' '쌈김치'라고 부르기도 한다. 배추·무·갓·미나리 등의 채소, 밤·배·잣 등의 과실, 낙지·굴 등의 해산물과 석이, 표고버섯 등의 산해진미를 모두 합하여 버무린 다음 절여진 배춧잎으로 싸서 독에 차곡차곡 담아 김칫국물을 부어서 익혀먹는 음식이다. 이때 김칫국물은 소금과 젓갈로 간을 맞춰 보쌈김치가 잠기도록 국물을 충분히 부어야 하며 보쌈김치 사이에 무를 끼어 넣어도 국물이 시원하기 때문에 좋다.

큰 배춧잎 안에 김치가 들어 있다. 그 사이사이에 낙지, 전복, 굴, 밤, 배, 잣, 대추 등이 들어 있어 해물이나 과실을 골라 먹는 재미가 있다. 넓은 배춧잎을 갈라서 밥에 얹어 싸먹는 맛도 별미다. 김치 중에서도 가장 고급스러운 김치로 주로 궁중에서 먹었다.

이런 보쌈김치가 개성지역에서 발달한 이유는 바로 개성지역의 배추가 보쌈하기에 적격으로 잎이 넓은 결구배추 품종이기 때문이다. 개성배추는 속이 연하고 길고 맛이 고소하다. 특히 통이 크고 잎이 넓어 온갖 양념을 배춧잎으로 보같이 싸서 익히기에 좋다. 김치가 익으면서 여러 재료가 안에서 섞이고 맛과 냄새가 새어나가지 않아 맛이 고스란히 보존되게 된다.

보쌈김치가 만들어지기 시작한 것은 1850~1860년 무렵으로 추정되나 문헌을 보면 1940년경부터 보쌈김치에 대한 언급이나 제조법이 나오기 시작하면서 대중화되기 시작한 것은 해방 직후부터라고 한다. 언제부터인가 굴과 무생채를 고추에 맵게 버무려서 소금에 절인 배추 잎에 삶은 돼지고기와 함께 싸먹는 돼지 보쌈이 마치 개성보쌈인양 호도되는데 이는 정체불명(?)의 요리로서 개성보쌈과는 거리가 멀다.

필자가 어릴 적 어머님은 개성식 보쌈김치를 잘 담그셔서 우리가족은 겨울철 별미로 항상 맛을 보았고 선친이 봉직하시던 초등학교 교사들 사이에서도 인기가 많았다. 최근에는 유명하다고 하는 한정식 집에서조차 어릴 적 어머님이 담가주시던 새콤달콤하면서도 시원하던 개성식 보쌈김치를 맛보기가 쉽지 않아 아쉽기 짝이 없다. 통일이 되어 고향에 가야 비로소 진짜 그 맛을 보려나보다.

곤드레나물 : 양념장에 비벼 된장찌개 곁들여

식물이나 곤충 등의 이름에는 대부분 세 가지가 있는데 학회에서 사용하는 이름을 학명이라 하고, 나라에서 대중적으로 보통 사용하는 이름을 국명, 그리고 지방에서 사용하는 이름을 향명이라 한다. 곤드레는 정선의 향명으로 정식 명칭은 고려엉겅퀴이고, 학명으로는 cirsium setidens Nakai이다. 자칫 술에 만취한 상태의 곤드레만드레를 칭할 때의 곤드레로 오인할 수 있지만 최초의 이름은 민들레, 둥글레와 같이 곤들레라고 추정하기도 한다.

고려엉겅퀴는 화목 국화과의 여러해살이풀로 1m 높이까지 자란다. 사투리로 곤드레, 독깨비(도깨비)엉겅퀴, 구멍이라고 부르기도 한다. 본래 엉겅퀴는 식용과 약용작물로 분류되지만 이 고려엉겅퀴는 엉겅퀴 중에서도 유일하게 식용만 가능한 작물로 강원도 산골지역 등에서 이 엉겅퀴를 재배하게 되면서 곤드레 밥이 생기게 된 것이었다.

봄철 작물이지만 주로 5,6월에 재배기가 성한 편으로 잎이나 줄기가 연한 편이다. 고려엉겅퀴는 대개 2~3년 정도 지나면 뿌리가 썩어 죽게 되고 종자가 떨어져 자라게 된다. 생육에 알 맞은 온도는 섭씨 18~25도로 비교적 서늘하고 습도가 높은 곳이 좋으며 건조한 날씨가 계속되는 곳은 적합하지 않다. 봄철에 날 때 살짝 데친 다음 충분히 말려서 보관하며 수시로 쓸 수 있다.

곤드레는 연하고 부드러워 씹히는 맛이 좋기에 곤드레 밥을 해서 먹는다. 생소한 이름과는 다르게 우리나라에서 가장 흔하게 먹었던 식물로 대부분의 산나물은 특유의 향과 맛으로 인해 먹다 질리는 경우가 있으나 이 곤드레는 그런 경우 없이 하루 삼시세끼를 섭취해도 부담감이나 질리는 감이 없다. 곤드레는 예전에 가난했던 시절의 춘궁기에는 구황식물로 이용되기도 했던 산나물이다. 대한민국 정선, 영월 곤드레가 지리적 표시제로 등록되어 있다.

곤드레 밥은 곤드레 풀로 밥을 지어서 만들어낸 강원도 토속음식으로 주로 강원도 영서 남부지역(정선군, 영월군, 태백시, 평창군 등)에서 먹는 음식으로 쌀 위에 곤드레 풀을 얹어 짓게 된 음식이다. 보통 백미 밥과는 달리 색깔이 연한 푸른빛을 띠는데 곤드레가 들어가 있어서 밥 표면이 푸르게 보이며 여기에 취향에 따라 다양한 양념간장을 넣어 비벼 먹는다.

필자는 마음의 여유가 있을 때 초등학교 교장선생님으로 계셨던 선친과 어린 시절을 지냈던 양평의 용문산과 여주의 영릉 신륵사와 도예지를 들러 보곤 한다. 용문산에 들러 천년 사직을 고려에 바치기로 한 신라 경순왕과 문무백관들의 의견을 뒤로 하고 신라 부흥운동을 위해 금강산으로 들어가는 길에, 용문산에서 마이태자가 심었다고 전해지는 엄청난 크기의 은행나무를 들러보고 내려오는 길이면 거의 예외 없이 한옥마을의 곤드레 나물밥집을 찾아 향토음식을 즐기고 있다.

대나무 죽통에 담아오는 곤드레 나물밥을 양념장에 비벼 갖가지 산나물을 반찬삼아 시골 된장찌개를 곁들여 먹는 맛이란 가히 일품이다. 수백 년은 족히 되었을 소나무로 서까래를 삼아 지은 한옥에 앉아서 먹는 맛이란 운치를 더해주며 강원도 정선이 아니라도 용문산 기슭에서 느끼는 정취란 신선놀음이 부럽지 않다.

동의보감에서 엉겅퀴는 성질이 평하고 맛은 쓰며 독이 없다. 어혈을 풀리게 하고 출혈을 멎게 한다. 옹종과 옴 버짐을 낫게 한다. 여자의 적백 대하를 낫게 하고 혈을 보한다고 적혀 있다.

엉겅퀴는 독은 없으며 맛은 달고 이뇨, 해독, 소염작용이 있으며 열이 혈액의 정상 순환을 방해하지 않도록 다스린다. 지혈작용이 있어 각종 출혈, 예를 들면 토혈, 코피, 잇몸출혈, 대변출혈, 소변출혈, 자궁출혈 등에 응용된다. 또 혈액순환이 제대로 되지 못하고 굳어 버려 통증과 응어리를 일으킬 때 혈액이 원활히 순환될 수 있도록 돕고, 쌓인 응어리를 깨끗이 청소해 주는 역할을 한다. 따라서 타박상이나 부스럼, 종기 등을 비롯한 악성종양에도 효과가 아주 좋다. 또한 엉겅퀴에는 타라카스테린 아세테이트, 스티그마스케롤, 알파 또는 베타 아말린 등이 들어 있어 피를 맑게 하며 저혈, 소염작용을 한다.

엉겅퀴에 있는 silymarin은 flavonolignan인 silibinin, silicristin, silidianin의 이성체의 혼합물로서 엉겅퀴의 성숙한 열매의 주 구성 물질이다. 동물간의 미토콘드리아 및 마이크로좀에서의 과산화지질의 생성을 억제하며 사염화탄소에 의한 독성에 대해 보호작용도 있다. 이러한 작용은 피부에도 적용되는데 엉겅퀴 추출물은 염증을 억제하고, 피부를 윤택하게 하고 촉촉하게 하며 각종 피부 트러블을 예방하는 효능이 있다 한다. 우리는 모르고 무심해 지내 왔던 산야의 하찮은(?) 풀이 엄청난 약리작용을 가지고 있어서 선진 각국에서 관심을 가지고 연구하고 있다는 사실에 새삼 놀랄 뿐이다.

냉면 : 동치미 국물에 한기 느껴야 별미

냉면(冷麵, 랭면, 찬 국수)은 한국 고유의 면(麵)요리 중 하나다. 흔히 냉면은 더운 여름에 즐기는 것으로 알고 있으나 실은 겨울철 음식이다. 냉면은 칡, 메밀, 감자, 고구마 등의 다양한 가루를 이용하여 만든 면과, 썬 오이 등의 생야채와 배 한 조각, 그리고 그 위에 꾸미로 얹은 편육 몇 조각과 삶은 달걀을 넣는다. 국물 유무에 따라 물냉면과 매콤하게 비빈 비빔냉면으로 여기에 식초나 겨자를 곁들여서 먹는 음식으로 우리나라에서는 오랫동안 사랑을 받아 왔다. 각 지방에 따라 냉면 국수를 만드는 배합비율이 다르고 여기에 추가하는 육수의 제조 방법에 따라 다양한 맛을 특징으로 하고 있다.

《동국세시기(東國歲時記), 1849》에는 "겨울철 제철 음식으로 메밀국수에 무김치, 배추김치를 넣고 그 위에 돼지고기를 얹어 먹는 냉면이 있다"고 하였으며, 《규곤요람(閨壼要覽), 1896》은 냉면에 대해 "싱거운 무 김치국에다 화청(和淸 : 주음식에 꿀을 타다)해서 국수를 말고 돼지고기를 잘 삶아 넣고 배, 밤, 복숭아를 얇게 저며 넣고 잣을 넣는다"라고 기록되어있다. 또한 1800년대 말에 펴낸 《시의전서(是議全書)》 냉면 편에는 "청신한 나박김치나 좋은 동치미국물에 말아 화청하고 위에는 양지머리, 배와 배추통김치를 다져 얹고 고춧가루와 잣을 얹어 먹는다"고 기록되었는데 고기장국을 차게 식혀 국수를 말아 먹는 장국냉면에 대해서도 설명하고 있다. 특히 고종 황제는 냉면을 좋아한 것으로 전해지는데 대한문 밖의 국숫집에서 배달하여 편육과 배, 잣을 얹어 먹었다고 한다.

필자 고향 황해도 연백에서는 사시사철 어느 때나 냉면을 즐겼다고 한다. 돌아가신 아버지는 가계부를 꼼꼼히 쓰셨다. 결혼하신 얼마 후 우연히 어머님이 가계부를 보시게 되었는데 놀라운 것은 하루도 안 빠지고 냉면 5전이 줄을 이었다고 한다. 한국은행의 물가 지수를 가지고 비교 해보아도 당시 5전의 가치는 국수 한 그릇 값 정도이어서 소학교 훈도이셨던 선친의 월급에는 별로 영향을 미칠 정도의 부담은 아니었나 보다.

요즈음에야 웬만한 이름 있는 음식점의 집의 냉면 가격은 제법 비싸고 거기에 양 또한 적어서 한 젓가락에 휘저어 버리면 끝날 정도의 소량이다. 냉면으로 배를 채울 정도로 먹으려면 제법 출혈을 각오해야 하는 귀족의 음식(?)이 되었지만…….

사실 메밀은 산야가 많은 이북에서는 밭이 많은 지리적 요건 때문에 흔히 심는 작물이었고 가격 자체가 주식인 쌀에 비해서 저렴하여 이것을 이용한 음식은 서민이 구휼식품으로 쉽게 접할 수 있는 곡식이었는데 어느 순간 황제(?)의 음식으로 탈바꿈하였는지 궁금하다.

연백지방에서의 냉면은 손쉽게 동치미 국물에 냉면사리를 말아 먹을 정도였다. 엄청난 과정을 거친 육수에 먹음직스런 편육을 얹은 유명한 집의 냉면과는 거리가 먼 그야 말로 저렴하게 요기를 때울 수 있는 서민의 음식이다.

어머니는 대구가 고향이시라 냉면을 잘 모르셨을 터이고 일제 때 중매결혼 하셨으니 아버님의 음식 취향을 모르셨나 보다. 도대체 냉면이 뭐가 그리도 좋아 하루도 거르지 않을 수가 있을까하고 의아스럽게 생각하였다고 생전에 가끔 말씀하시곤 하셨다. 세월이 흘러 아버지도 사위를 보셨는데 어느 결혼식장에서 신부 측 하객으로 오신 아버지와 신랑 친구로 오신 큰 자형이 우연히 만나셨다고 한다. 장인을 모시고 내심 거창하게 점심대접을 하려고 생각하셨는데 기껏 “냉면이나 한 그릇 하지”하시는 장인어른 말씀에 좀 얼떨떨하셨다고 자형이 말씀하시곤 하셨다.

이런 분위기에서 자란 탓인지 냉면하면 왠지 모르게 고향 음식 같은 생각이 들어서 필자도 자주 먹곤 한다. 남으로 내려온 이후에도 필자가 어릴 때 넙적한 도자기그릇에 양철로 고깔 같은 뚜껑을 씌운 냉면을 집으로 배달시켜 먹던 기억이 있다.

평소에 냉면 광이라고 자처하는 대전의 조봉연 박사(서울치대 졸업)는 "아무리 못한 냉면도 밥 보다는 낫다"는 냉면에 관한 명언(?)을 남겼다. 광주에 있을 때 하루는 시내 음식점에 갔다가 냉면이 차림표에 있기에 주문했더니 "누가 겨울에 냉면을 먹는다요!"라는 일갈에 실소를 한 일이 있다. 냉면을 즐기는 데는 딱히 철이 없다. 특히 겨울철에 얼음을 띄운 동치미 국물에 한기를 느끼면서 먹는 별미 냉면 맛을 광주 사람들이 알리가 없을 것이다. 하긴 냉면 본 고장에서도 취향에 따라 겨울철에는 온면을 먹기도 하지만…….

광주출신 백유선 선생(서울치대 졸업)은 서울로 유학을 와서 처음으로 냉면을 접하였는데 도대체 무슨 맛으로 냉면을 먹는지 모르겠다는 냉면에 대한 다소 비판적인 소회를 남겼다. 이와 같이 개인의 취향에 따라서 냉면에 대한 호감 정도가 다양하지만 아직도 수 많은 민초들의 절대적인 사랑을 받고 있다.

노루 : 씹을 거 없이 입 안서 살살 녹아

노루는 아시아에 서식하는 사슴과 노루속의 한 종으로, 유럽노루와 구분해서 시베리아노루라고도 한다. 유럽노루(Capreolus capreolus)의 아종으로 생각되었으나, 현재는 별도의 종으로 취급한다. 학명은 Capreolus pygargus Pallas, 1771이며 한자어로는 장(獐·麞)이라고 한다.

노루는 사슴과 비슷하게 생겼으나 뿔이 수컷에게만 있으며 짧고 세 개의 가지가 있다. 두각의 가짓수로 나이를 나타내는데, 대체로 1~2년생은 가지가 한 개, 3~4년생은 가지가 두 개, 5년생 이상은 가지가 세 개 이상이다. 몸빛은 여름에는 황갈색 또는 적갈색을 띠고, 겨울에는 점토색을 나타내는데 겨울철에는 엉덩이에 큰 흰색 반점이 있다.

노루는 "껑껑"하고 울부짖는데, 마치 개가 짖는 소리와 비슷하다. 세력권을 알릴 때에는 나뭇가지에 뿔을 비비거나, 배설물로 영역을 알리며, 이 행동은 특히 번식기에 두드러진다. 노루는 다리 근육이 발달하여 한 번에 7m 이상 도약할 수 있으며 시속 80km로 달릴 수도 있다. 천성이 예민하며 청각이 발달해 극히 작은 소리만 나도 주위를 경계한다.

노루의 통상적인 임신기간은 약 150일이다. 일반적으로 9~11월 사이에 교미를 해서 5~6월에 1~3마리의 새끼를 낳는다. 알려진 바에 의하면 암컷의 경우 사슴류 중에서 유일하게 4~5개월간의 착상지연 기간이 있다. 새끼는 생후 한 시간이면 걸어 다닐 수 있고 2~3일이 지나면 빠른 속도로 질주할 수 있다. 노루의 천적은 호랑이·표범·불곰·늑대·검독수리 등이다. 빠른 질주력으로 적의 추격에서 쉽게 벗어날 수 있지만, 적이 보이지 않으면 정지하여 주위를 살펴보는 습관이 있기 때문에 잡히는 경우가 많다.

노루는 동북아시아 등지에 분포하며 히말라야 이북과 북극권 이남 지역에 한정 서식한다. 한반도에서는 백두산에서 지리산을 거쳐 한라산에 이르는 넓은 지역에 서식한다. 특히 제주특별자치도 한라산과 그 근처의 만수동산에는 등산로 주변에도 적지 않은 수가 목격될 정도로 많은 수가 서식한다. 한때 멸종의 위기까지 몰렸지만, 꾸준한 복원 노력으로 인해 현재는 개체수가 늘어났다. 그러나 2013년 7월 1일부로 제주자치도에 다시 노루 수렵 허가가 내려지자 많은 노루가 수렵당하고 있는 실정이다. 필자가 군생활을 하던 서부전선의 비무장지대에서도 많은 수의 노루가 있어 야간에 군용차량에 부딪치는 사고가 심심치 않게 일어나서 사병들의 입을 즐겁게(?) 하곤 했었다.

노루고기는 육질이 연하고 감칠맛이 있어 구이나 육포로 만들어 먹으며, 한방에서는 노루의 피를 장혈(麞血)이라 하여 허약한 사람에게 기를 보강해 주는 약재로 쓴다. 뼈는 곰국으로 먹으며, 노루뿔 또한 장각(麞角)이라 하여 임질의 치료약으로 쓴다.

《동의보감》에서는 "노루 고기는 성질이 따뜻하고 맛은 달며, 독이 없다. 허약(虛弱)하면서 야윈 것을 보(補)하고 오장(五臟)을 튼실하게 하며, 기력(氣力)을 더해주고 혈맥(血脈)을 조화롭게 해준다. 이 고기는 전부 사람에게 유익하니 들짐승 중에는 제일이다"고 나와 있다. 노루는 일찍이 사냥의 표적으로 많이 희생된 야생동물로《삼국사기》에도 기록이 남아 있다.

역대 조선의 임금님들조차 노루에 대한 식탐이 대단했던 모양이다. 식탐이 남달랐던 연산군이 하도 좋아하여 노루의 꼬리나 혀 한 개의 값이 무려 무명 20~30필에 이르렀다는 이야기가 전해오고 있다. 반정으로 연산군 뒤를 이어 왕에 오른 중종은 각 지방의 진상품목과 수량을 절감해 주었지만 신하들의 빗발치는 개정 요청에도 '조상에의 예의, 대비에의 효도' 등을 내세워서 한사코 진상을 계속하도록 했다.

조선 13대 명종의《시정기》에도 "이 고기를 좋아하고 특히 꼬리를 즐겨 드신다"고 나와 있다. 영조도 고령인 79세 때 "반찬 중에서 사슴 꼬리만 손을 댈 수 있다"라고 했을 만큼 그 맛을 탐했다고 한다. 점잖은 선비로 알려진 정약용의 시문이나 허균이 쓴《도문대작(屠門大嚼)》에도 이 동물의 꼬리에 대해서 언급할 정도이니 일반 사대부는 일러 무삼하리요! 이상은《왕의 밥상(함규진 저)》에 나온 내용이다.

필자가 광주 조선 치대에 몸담고 있을 시절 어느 해 한겨울 가끔씩 산토끼 구이를 먹으러 가던 나주 남평 광남식당에서 노루가 한 마리 들어왔다는 연락을 받았다. "세상에! 이게 웬 떡이냐" 싶어 병원업무가 끝나자마자 구강외과 식구들에 끼어 남평의 식당을 찾았었다. 당시 지금은 작고하신 조열필 교수님을 모시고 김학원 교수, 문행규 선생, 배웅 선생 등도 동행하였었다. 사실 그때까지만 해도 필자는 노루고기를 가까이 해 본 일이 없었다.

별 볼일 없는 허름한 토담집 안방에 상을 펴고 다리를 포개고 앉아서 노루 고기 육회와 노루 불고기를 먹었었는데 난생 처음 먹어보는 노루 육회는 보기와 달리 냄새도 없고 씹을 것도 없이 입안에서 살살 녹아서 순식간에 접시가 바닥을 보았고 더 먹고 싶어도 노루 한 마리에 육회로 먹을 수 있는 부위가 얼마 안 된다는 주인의 아쉬운 말에 입맛을 다시며……. 다음은 노루 불고기로 이어졌는데 이 맛 또한 육회에 못지않아서 과연 조선의 여러 임금들이 이 노루 고기의 맛을 잊지 못해서 백성들의 진상을 기대(?) 했음직한 심정을 이해할 만하였다.

대추 : 단맛과 신맛 조화로 당분 많은 고칼로리

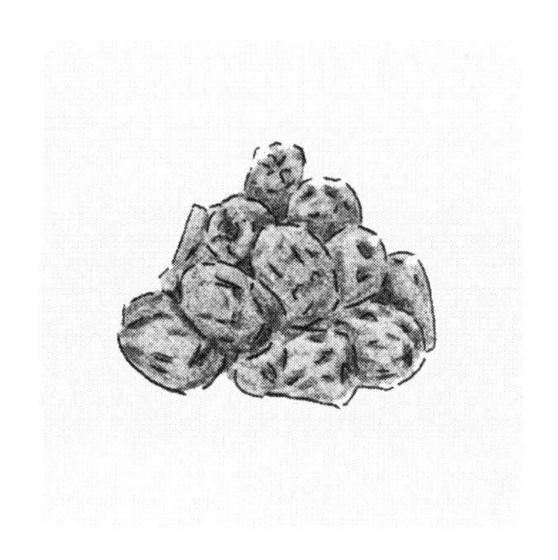

대추(棗)나무는 갈매나무과에 속하는 활엽관목으로, 대추나무(Zizyphus jujuba Mill. var. inermis Bge.)의 열매인 대추는 예전부터 조(棗), 홍조(紅棗), 대조(大棗), 목밀 등 다양한 이름으로 불린다. 대추나무의 원산지는 서아시아가 원산지로 추정되고 있다. 한반도에 언제 들어왔는지 정확한 시점은 불명이나, 고려 명종 때 재배를 권장한 기록이 있어서 대체적으로 고려시대 이전에 교역을 통해 들어왔을 것으로 여겨진다. 대추는 과실에 속하지만 원예산물에 속하지 않는다. 국내에서 대추를 원예산물이 아닌 임산물로 분류하기 때문에 대추는 산림청의 관할에 속하며 국내에서는 일반적으로 원예학이 아닌 임학에서 다룬다.

대추나무는 높이는 약 5m 정도이다. 꽃은 5~6월에 2~3개씩 모여서 달리며, 꽃잎이 다섯 장이고 노란빛이 도는 녹색을 띠며, 잎은 어긋나고 달걀 모양 또는 긴 달걀 모양이며 3개의 잎맥이 뚜렷이 보인다. 나무에 가시가 있고 마디 위에 작은 가시가 다발로 난다. 대추는 씨가 단단한 핵에 싸여 있는 타원형 핵과로, 길이가 2.5~3.5cm이며 처음에는 초록색을 띠다가 9~10월에 적갈색이나 붉은 갈색으로 익는다. 대추는 날로 먹기도 하며, 말려서 저장하기도 한다.

대추는 단맛에 따뜻한 성질을 가지고 있으며, 심장을 도와 혈액순환을 원활하게 하고 신경을 안정시키는 효능이 있으며, 잠이 잘 오게 한다. 대추는 비, 위장을 건전하게 하며 뱃속이 차서 아프고 대변이 묽으며 설사할 때도 좋다. 한방에서는 이뇨, 강장(强壯) 완화제로 쓰인다. 한약에 대추를 많이 이용하는 이유는 기와 혈을 보하는 효능이 크고 여러 가지 약물을 조화시켜주는 작용이 있기 때문이다. 대추를 오래 먹으면 몸이 가벼워지고 정신을 안정시켜 주어 불안증상과 불면증에 좋다.

대추에 함유된 시토스타놀 성분은 혈관건강에 도움을 주어 혈중 콜레스테롤을 낮추고 혈압도 낮춰준다. 또한 트리테르페노이드 성분은 항염, 항균작용에 도움이 되며 특히 관절염과 류마티즘에도 도움을 준다. 항산화 성분도 많으며 비타민 C도 풍부하여 감기예방에도 효과가 있다. 대추는 따뜻한 성질이어서 달여 먹으면 냉증치료에도 도움을 준다.

대추의 크기는 다른 과일에 비하면 작은 편으로 보통 2~3cm 크기로 갓 수확한 햇과일의 무게는 10~13g 정도이다. 시중에 나온 생대추는 색깔이 갈색인데, 예전에는 모두 초록색 대추를 미리 따서 익혀서 출하한 것이었으나 최근에는 생대추를 과일처럼 판매하는 추세가 늘면서 붉게 익은 뒤에 따서 출하하는 경우가 많아졌다.

대추는 과당을 많이 함유하여 강한 단맛과 신맛이 조화를 이루며 당분이 많은 음식이라 100g (8~10개) 정도만 먹어도 100kcal 이상 열량을 내는 고칼로리 식품이니 다이어트시에도 주의할 필요가 있다. 말린 대추는 식용, 요리용, 과자용, 건과, 약용 등으로 널리 쓰이며, 대추를 이용한 음식으로는 꿀대추, 삼계탕, 대추죽, 대추인절미, 대추전병, 대추차, 과자 등이 있다. 소주 등에 넣어서 대추주를 만들기도 한다. 심지어 볶아서 커피 대용품으로 쓰인 경우도 있었다고 한다. 최근에는 대량생산에 힘입어서 잼이나 설탕절임의 원료로도 쓰이는데, 꿀대추는 중국, 일본, 유럽에서도 호평이라고 한다.

우리나라에서 품질로 알아주는 대추 산지로는 주로 충청북도 보은군, 경상북도 경산시 등이 유명한 지역이다. 그 외에도 경상남도 밀양시에는 밀양대추축제가 매년 10월쯤에 개최된다. 지리적 표시제로는 경산, 보은 대추가 등록되어 있다.

민간신앙에서 대추나무는 양기(陽氣)가 있다고 여겼는데, 번개 벼락은 거기에 양기를 더해준다고 생각했다. 혼인식 날 새 며느리의 첫 절을 받을 시어머니가 폐백상에서 대추를 집어 며느리의 치마폭에 던져주는 풍속은, 대추가 남자아이를 상징하여 아들을 낳기 기원한다는 의미가 있다.

예전부터 번개를 맞은 대추나무는 그야말로 양기가 최고라고 여겼고, 양기가 세니 당연히 귀신을 쫓을 수 있다고 하였다. 그래서 지금도 화(禍)를 멀리하고 복(福)을 부르는 부적으로 인기가 많다. 또한 벼락에 맞아 그을린 대추나무(벽조목)로 만든 물건을 소지하면 액운을 막아준다는 속설이 있어 지금도 도장집에 가보면 벽조목(霹棗木)으로 만든 도장은 비싼 값으로 거래된다.

벼락이 한번 칠 때의 전기량은 보통 전압 10억V, 전류는 수만A에 달해 짧은 순간 수 천 도까지 올라가는 열기로 인해 대추나무가 가지고 있던 수분은 순식간에 증발되고 수축하게 되며 이 때문에 나무는 속까지 검게 타서 아주 단단하게 변하게 된다. 그러나 벽조목 제품이 쇼핑몰 등에서 흔하게 팔릴 정도로 많이 공급될 리 없어, 시중에서 구할 수 있는 벽조목 제품의 절대다수는 인조 벽조목이라고 한다. 대추나무를 고온고압으로 압축하여 이 과정에서 고압전류를 흘려 번개를 맞은 것과 같은 효과를 준다고 한다.

돼지고기두루치기 : 매콤한 양념에 밴 고기와 김치

두루치기의 원뜻은 '한 가지 물건을 여기저기 두루 씀, 또는 그런 물건이나 두루 미치거나 두루 해당함' 을 의미하며 '한 사람이 여러 방면에 능통함 또는 그런 사람을 의미하는 것' 으로 모든 것에 두루두루 통달함을 의미하니, 두루치기 음식이란 두루두루 누구에게나 구미에 맞으리라는 뜻을 가진 것이 아닐까?

두루치기는 경상도 안동의 양반가에서 유래되었다고도 하고 전라도에서 유래되었다고도 한다. 경북 안동의 양반가에서 유래되었다는 경상도식 두루치기는, 불청객처럼 갑작스레 방문한 귀한 손님을 위해 각종 채소와 채 썬 소고기를 넣어 센 불에 전골 방식으로 재빨리 끓여 내는 음식으로 원래는 절대 볶지도 않으며, 더욱이 돼지고기나 김치가 들어가지 않은 약간의 국물이 있는 음식이라고 한다. 그러나 시대의 흐름에 따라 커다란 냄비에 돼지고기와 김치, 콩나물 등을 넣고 끓여 만든 음식으로 변형되었고 요리 중 음식재료의 숙성 과정을 거치지 않고 재료와 소스를 만든 즉시 끓이거나 볶은 것을 의미하다.

필자는 대학 졸업 후 수련을 마치고 76년 군입대하여 대위 임관 후 서부전선 최전방 사단에서 도끼만행사건을 경험하고 다음 해에 새로운 환경을 기대하고 전속 갔던 후방 근무지가 조치원에 있는 0000병원이었다. 이 병원은 지리적 위치 때문에 외래환자가 극히 적고 입원환자 수도 적었지만 전공상(戰功傷) 환자를 심사하여 전역시킬 수 있고 지리적으로 수도권에 가깝다는 이점 이외에는 그야말로 여기에 근무하는 단기 장사병(將士兵) 모두가 의무 복무 기간인 국방부 시계(?)가 빨리 가기만을 기다리는 그야말로 한가한(?) 병원이었다.

필자와 같은 단기 군의관들은 환자가 없으니 근무시간 중의 무료함을 높은 분들의 이목을 피해서 서양화 감상(?)으로 시간을 죽이고 있었고, 주위 병무 브로커들은 전공상심사규정(戰功傷審査規定)에 합당한 소위 자연뽕(?) 환자를 모아 오느라고 잡음이 그치지 않았었다.

난생 처음으로 조치원역에서 내려 0000병원을 찾아 가는데 읍내 곳곳에서 나는 이상한(?) 냄새는 단무지 재료의 숙성 중에 나는 것으로 이곳이 전국 최대의 단무지 산지로서 전국 유일의 단무지 장이 서는 곳임을 나중에야 알았다. 그리고 이곳에 근무하는 2년 동안 다른 곳에서는 잘 보지도 듣지도 못했던 충청도 풍의 '돼지고기 두루치기'라는 요리를 안주삼아 지루했던 군 생활 동안 소주병께나 축냈었다. 그야말로 돼지고기 두루치기는 얄팍한 군인들의 호주머니 사정에는 지극히 고마운(?) 음식이었다.

만드는 법은 돼지고기를 비계를 포함하여 큼지막하게 먹음직스럽게 깍둑썰기를 하고 익은 김치를 썰어넣고 김칫국물을 자작하게 부어 끓여서 고기와 김치가 거의 익으면 마늘과 파를 썰어 넣고 설탕을 살짝 넣어서 볶아 국물이 자작하게 될 때까지 조리는데 매콤한 양념에 밴 돼지고기를 익은 김치와 먹는 맛이 괜찮았다. 여기에 소주 몇 병을 곁들이면 금상첨화로 소주에 거나할 경지(?)에 도달할 즈음이면 밥을 고소한 참기름을 추가하여 볶아서 여기에 김가루를 뿌려 먹는 맛이란 일품이었다. 이것은 김치볶음과 비슷하다.

흔히 오해하는 사실 중 하나가 돼지고기에 고추장과 야채를 첨가하면 돼지두루치기라고 알려져 있지만 돼지두루치기는 생으로 야채와 고기를 볶다가 육수 혹은 양념을 부어 졸여낸 음식을 말한다. 즉, 고기를 재운다음에 굽는 경우가 많은 돼지불고기나 제육볶음에 비하면 원재료의 맛이 상대적으로 살아있는 편이다. 즉 전골과 제육볶음의 중간 형태라고 할 수 있다.

사실 음식의 두루치기는 쇠고기나 돼지고기, 또는 해물과 여러 가지 채소를 넣어 국물이 조금 있는 상태로 볶듯이 만든 한국의 향토음식이다. 이 음식은 경상도, 전라도, 충청도 등 지방마다 다른 방식으로 전해지고 있지만, 어느 지방에서 시작되었는지 정확하지 않다. 그리고 두루치기는 돼지고기뿐 아니라 두부, 오징어, 낙지 등으로도 가능하다. 소고기로 했을 경우 그냥 불고기가 된다.

두루치기와 비슷하다고 생각되는 세 가지 요리(제육볶음, 두루치기, 주물럭)가 있다. 두루치기는 간이 배어들 시간이 부족할 때 빠르게 양념에 버무리고 고기의 냄새를 잡기위해 야채를 보다 많이 넣는 요리로 수분이 많이 생겨 국물이 있다는 것이 특징이다.

이와 비슷한 요리가 제육볶음으로 밑간을 완성시켜서 고기에 배어들게 하는 형식으로 두루치기에 비해서 야채나 고기가 적은 볶음 음식을 말한다. 주물럭은 소고기의 경우에는 기름과 소금밑간을 하거나, 돼지고기의 경우에는 여기에 장류를 추가하여 밑간을 한 뒤에 직화로 굽는 형식으로 주물럭을 냄비에 자박하게 국물을 내어 주거나, 많은 야채를 넣어 제육볶음을 주는 집도 있었던 것을 떠올려보면 음식점에서도 확실한 구분은 이뤄지지 않고 있는 것 같다.

두부 두루치기의 경우는 대전이나 충청도 이외엔 보기 힘들다. 사실 두부두루치기는 대전과 충정 지방에서 지정된 지역 특산음식이긴 하지만 그곳 주민들에게도 흔히 잘 알려져 있는 친숙한 음식은 아닌 것 같다.

떡 : 만드는 방법 과학적이고 합리적

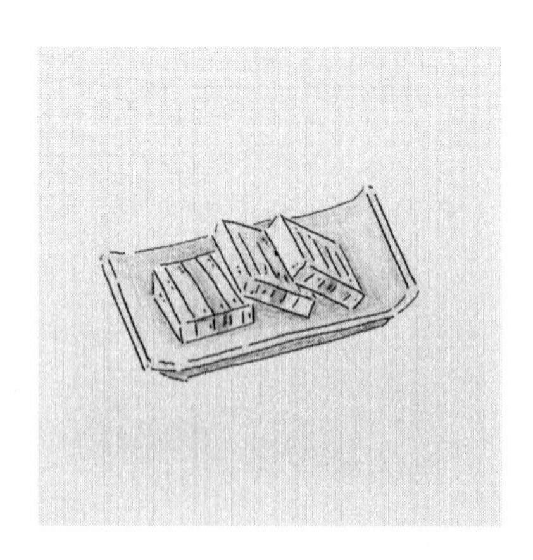

떡은 주로 멥쌀이나 찹쌀, 또는 다른 곡식을 쪄서 찧거나 가루를 내어 쪄서 빚어 만든 음식을 통칭하는 말이다. 일반적으로는 쌀을 주재료로 사용하지만 감자 전분이나 기타 곡물을 이용하기도 하고 맛과 모양을 더하기 위해서 다양한 종류의 부재료들이 추가되기도 한다. 동남아시아와 동아시아를 중심으로 쌀을 주식으로 먹는 지역에서 발달하였다. 한국에서는 명절이나 관혼상제 같은 잔치나 한해의 농사를 마무리하는 고사, 새 건물의 상량, 어선의 진수, 굿, 사찰의 제, 신년

하례식 등의 행사에 빠지지 않는 음식이다.

중국어에는 예부터 밀가루나 쌀가루 등 다양한 곡식 가루를 이용해서 만든 음식을 폭넓게 지칭하는 말로 빙(饼)과 가오(糕)가 있다. 그중에서 한국의 떡과 제일 유사한 음식은 니엔가오(粘糕 ; 年糕)를 들 수 있는데 이 음식은 찹쌀을 주재료로 하고 중국 설날에 즐겨 먹으며, 달 모양으로 둥글고 납작하게 만드는 월병(月饼 웨빙)은 중국 추석 때 즐겨 먹는다.

일본에는 한국의 떡과 비슷한 음식으로 모찌(餅飯 ; もち)가 있는데 이것은 주로 찹쌀을 이용해서 만들며 다양한 종류가 있다. 일본에서 떡은 헤이안 시대부터 먹기 시작했는데, 떡이 복을 담고 있다고 여겨 제사 음식으로 사용한다.

필자는 어린 시절 초등학교 교장이시던 선친의 임지를 따라서 여러 시골 마을을 전전하여 그 시절 시골에서 겪어본 풍습을 향수처럼 간직하고 있다. 당시 시골에서야 주민의 대부분이 농사를 지으면서 생계를 이어가는 구조였었다. 힘든 한 해의 농사가 추수로 마무리 되고 나면 가솔들의 고생을 참고 합심하여 일을 했던 것에 대한 고마움의 표시이기도 하고, 또 한 해의 농사를 무탈하게 해준 토지신과 조상신에 대한 감사의 표시로 집집마다 고사를 지냈었다.

고사(告祀)는 주로 가족의 평안과 재앙의 회피를 빌고 집안의 가호(加護)를 기원하는 일종의 제로써 대개 음력 10월 상달에 들어서서 잡귀(雜鬼)가 요동하지 않는 길일(吉日)에 고사를 올린다. 고사떡은 대체로 3층의 시루떡으로, 성주대감(대청마루의 대들보가 대감이 된다)과 토지대감(장독대에 위치한다)에게 주부가 북어·약주·고사떡을 바치고, 빌고 절하는 방식으로 기원한 후 집안의 평안을 기원한다. 고사에는 떡이 불가결의 제물인데, 그 전해에 추수하여 남겨둔 씨앗을 심어 추수한 햅쌀을 가지고 만든 떡을 고사에 상용하였다.

고사가 끝나면 동네의 모든 집과 함께 고사떡을 나누어 먹는다. 고사는 거의 정해진 날에 지내므로 이때가 되면 집집마다 고사떡이 넘쳐 나곤하였었다. 사실 추수 후의 고사는 너무나 오랫동안 전통적으로 이어져 왔고, 가족의 화목과 안녕을 비는 염원을 담은 행사로서 미신으로 미루기에는 너무도 소박하고 순박한 풍속으로, 그 행위는 서양의 추수 감사절의 의의와 거의 유사하다.

떡은 상고시대부터 명절음식, 통과의례음식, 생업의례음식, 무속의례음식, 선물용 음식, 제사음식으로 쓰였으며 이러한 관습이 오늘까지 계승되어 오고 있다. 떡은 그 종류가 매우 다양하며 종류별로 특색이 깊고, 재료의 배합, 향이나 맛의 첨가, 쌀가루에 물 내리기, 설탕물이나 꿀물 섞기 등 만드는 방법도 과학적이고 합리적이다. 떡이 언제부터 만들어졌는지 정확히 밝히기는 어려우나 시루의 등장시기인 청동기시대 또는 초기 철기시대라 할 수 있다.

삼국 및 통일신라시대로 내려와 쌀을 중심으로 한 곡물이 증산되면서 떡은 크게 발달하였다. 삼국시대 고분에서 시루가 어김없이 출토되고, 고구려 안악 3호분 벽화나 양수리 고분 벽화에 주방의 모습과 함께 시루가 그려져 있는 사실이 잘 뒷받침해 주고 있다. 재미있는 것은 ≪삼국사기≫ 신라본기 유리왕 원년(298)에는 남해왕(南解王)이 돌아가자 유리(儒理)와 탈해(脫解)가 서로 왕위를 사양했다는 기록에 이런 이야기가 전한다. 탈해가 유리에게 말하기를 "왕위는 용렬한 사람이 감당할 바 못되며, 듣건대 성스럽고 지혜로운 사람은 치아가 많다고 하니 시험을 하여 결정하자"고 제의하였다 한다. 그리하여 두 사람이 떡을 깨물어 본 결과, 유리의 치아 수가 많아 유리가 왕위에 올랐다는 기록이 있다.

고려시대로 넘어오면 권농정책에 따른 양곡의 증산으로 경제적인 여유가 생기고, 불교의 육성으로 육식이 절제되고, 음다의 풍습이 생기면서 떡은 한층 더 발달하게 되었고 조선시대에 들어와서는 재료가 풍부해지면서 떡의 종류도 많아지고, 맛이 다양하게 변화되었다.

찐 떡류는 팥시루떡, 콩시루떡 외에도 무시루떡, 꿀편, 청애메시루떡, 녹두편, 깨찰편, 적복령병, 싱검초편, 호박편, 두텁떡, 혼돈병, 송피병, 찰시루떡, 잡과병, 산과병 등 20여종의 시루떡 등이 있었다. 친떡인 인절미도 찹쌀을 쪄서 칠 때 넣는 재료에 따라 쑥인절미, 대추인절미, 당귀잎 인절미 등이 있었고, 찹쌀 외에 기장조 인절미도 있었다.

절편도 쑥절편, 수리취절편, 송기절편, 각색절편 등을 만들었다. 지지는 떡인 전병은 차수수 전병 외에 더덕전병, 토란

병, 산약병, 유병, 서여향병, 전전병, 송풍병 등으로 발전하였다. 이와같이 발달해온 떡은 서구문화의 도입으로 빵이 유입되자 빵에 밀리기도 하였으나 아직까지도 민초들의 대소 애경사에는 빠질 수 없는 음식으로 굳건히 상의 한 자리를 지키고 있다.

떡국 : 기다란 가래떡 무병장수 의미

설날은 음력 정월 초하룻날인데, 농경의례와 민간 신앙을 배경으로 한 우리 민족 최대의 명절로 '설' 또는 '설날'을 가리키는 한자어는 무척 많다. "정초(正初), 세수(歲首), 세시(歲時), 세초(歲初), 신정, 연두(年頭), 연수(年首), 연시(年始)" 등이 그것이나 우리가 흔히 느끼던 설날의 정취는 그 많은 한자어보다 '설'이란 토박이말에서나 느낄 수 있을 것이다.

'설'의 어원은 여러 견해가 있다. 하나는 '한 살 나이를 더 먹는'에서의 '살'에서 왔다고 한다. 다음으로는 "장이 선다"와 같이 쓰이는 '선다'의 '선'에서 왔다는 설도 있고 '설다(제대로 익지 않다)', '낯설다' '설어둠(해가 진 뒤 완전히 어두워지지 않은 어둑어둑한 때)' '설'에서 왔다는 견해도 있다. 또 '삼가다' 또는 '조심하여 가만히 있다'는 뜻의 옛말 '섧다'에서 왔다는 견해도 있다.

설날이란 명칭에 대해 육당 최남선(崔南善)은 1946년 그의

≪조선상식문답(朝鮮常識問答)≫에서 “새해를 시작하는 첫 날인 만큼 이 날을 아무 탈 없이 지내야 1년 365일이 평판하다고 하여 지극히 조심하면서 가만히 들어앉은 날”이란 뜻에서 설날이란 이름이 붙여졌다고 한다. 이를 뒷받침하는 기록으로 오래전 서기 488년 신라 비처왕(毘處王) 또는 소지왕(炤知王) 시절 설날을 쇠었다는 ≪삼국유사(三國遺事)≫(권1 〈기이(紀異)〉1;고려, 충렬왕 7년(1281년) 일연(一然)의 기록이 있으며, 그 외에도 1614년 광해군 6년 이수광(李晬光)의 ≪지봉유설(芝峯類說)≫, 1849년 헌종 15년 홍석모(洪錫謨)의 ≪동국세시기(東國歲時記)≫ 등에 세시(歲時)에 대한 기록이 전해온다.

설날이 오늘날과 같이 본명을 찾기까지는 우리의 역사만큼이나 수난을 겪었다. 구한말 고종 33년, 1896년 1월 1일(음력으로는 1895년 11월 17일)에 태양력이 수용되고도 우리의 전통명절인 설날은 이어졌지만, 일제 강점기가 되면서부터 일본은 우리나라의 전통문화 말살정책에 의하여 설날과 같은 세시명절마저 억압했었다.

일제 강점기에서 해방된 이후에도 정책당국이 이중과세라는 낭비성만을 강조하며 설을 없애려고 시도한 적이 있었으나 대부분 가정에서는 여전히 음력설에 차례를 지내는 전통을 유지했기 때문에 ‘민속의 날’이라는 이름으로 1985년 음력 1월1일 설날을 공휴일로 지정하였었다. 그 후 6월 항쟁 이후 집권한 노태우 정부는 민족 고유의 설날을 부활시켜야 한다는 여론을 받아들여 1989년에 음력설을 ‘설날’로 하고, 선달그믐(음력 12월 말일)부터 음력 1월 2일까지 3일간을 공휴일로 지정하였다.

설날의 음식으로는 여러 가지가 있지만, 어느 지방에서나 으뜸가는 공통음식으로 규정되어 있는 것은 흰 떡국이 있다. 설날 하면 우선 따끈한 떡국 한 그릇을 연상하는 것이 우리 민족의 보편적인 감정이리라. 요즈음은 떡집이나 수퍼에서 아예 썰어진 떡국용 떡을 언제든지 수월하게 구할 수 있지만 예전에는 방앗간에서 가래떡을 뽑아 와서 손으로 썰어야만 했다.

필자가 어린 시절을 보낸 외진 시골에서는 떡방앗간도 없어서 찐 밥을 떡메로 쳐서 떡판에서 가래떡을 만드는 수고를 마다하지 않았다. 멀리 외지에 나가있는 가족은 물론 명절이라고 세배차 찾아오는 손님을 대접할 떡국용 떡을 넉넉하게 썰어 광주리로 하나 가득 채우려면 그 양이 제법 되어 일일이 칼로 썰던 아낙네들의 노고 또한 만만한 것이 아니었다.

설날에 떡국을 끓이는 유래에 대해서는, 설날이 천지 만물이 새로 시작되는 날인만큼 엄숙하고 청결해야 한다는 뜻에서 깨끗한 흰 떡국을 끓여 먹게 되었다고 한다. 이날의 떡국은 흔히 첨세병(添歲餠)이라고도 하였으며, 이는 떡국을 먹음으로써 나이 하나를 더하게 된다는 뜻에서 붙여진 이름이다. 그러나 떡국의 유래에 대해서는 오래된 문헌 자료가 남아 있지 않아 정확한 때를 가리지 못하지만, ≪동국세시기(東國歲時記)≫에는 떡국을 '백탕(白湯)' 혹은 '병탕(餠湯)'이라 적고 있는데, 즉, "겉모양이 희다고 하여 '백탕'이라 했으며, 떡을 넣고 끓인 탕이라 하여 '병탕'이라 했다"고 나와 있다.

조선시대 서울의 세시 풍속을 ≪열양세시기(列陽歲時記)≫(1819년, 순조 19년 이매순(李邁淳)에 의하면 흰떡국은 "좋은 멥쌀을 빻아 채로 곱게 친 흰 가루를 쪄서 안반에 놓고 자루 달린 떡메로 쳐서 길게 만든 가래떡을 돈짝(엽전모양)만하게 썰어 육수물(꿩고기, 쇠고기)에 끓인 음식이다. 이렇게 끓인 떡국은 차례 상이나 세찬상 등에 올려 졌으며, 설날에 떡국을 끓이는 유래에 대해서는, 설날이 천지 만물이 새로 시작되는 날인만큼 엄숙하고 청결해야 한다는 뜻에서 깨끗한 흰 떡국을 끓여 먹게 되었다"고 한다.

가래떡을 뽑을 때 길게 뽑았는데 떡을 쭉쭉 길게 뽑듯이 재산도 그만큼 많이 늘어나고 무병장수하라는 의미가 있다고 한다. 왕가에서는 원래 가래떡을 썰 때 타원이 아닌 동그란 모양으로 썰었는데, 그 모양이 마치 옛날 화폐인 엽전과도 같았다. 엽전처럼 생긴 떡국을 먹으면서, 맞이하는 새해에도 돈이 잘 들어와 풍족해지기를 바라는 조상들의 마음에서 비롯된 것이다. 그런데 근자에는 가래떡을 직각보다 사선으로 써는데 이는 칼질하기가 더 쉬운데다가, 어슷썰기로 하면 떡국 떡이 훨씬 커져 푸짐한 느낌이 들기 때문이라는 지극히 이기적인 이유가 있다.

떡국 국물은 기본적으로 꿩고기로 하는 것으로 알려져 있는데 꿩을 구하기 어려워져서 꿩고기 대신 닭을 쓰게 되었다.

"꿩대신 닭"이라는 속담도 떡국을 만들 때 쓰는 꿩이 없으면 닭으로 했던 것에서 나왔다. 요즘은 쇠고기국물을 기본으로 하여 떡을 추가하게 되지만 지역에 따라 닭육수나 멸치육수, 북어육수 또는 사골국물을 사용하는 경우도 있고, 해안지방의 경우에는 굴, 매생이 등을 추가한 떡국 이 있어 지역에 따른 특이한 맛을 즐길 수 있다.

또한 요즈음은 특별히 세시가 아니더라도 어느 음식점 에서나 떡국을 상시 즐길 수 있고 여기에 만두 등을 추가한 다양한 요리가 개발되었기에 세시에 떡국을 먹던 어린 시절의 향수는 아련하게 퇴색되는 경향이 있다. 세시풍속도 편의성과 경제성에 따라서 시대에 따라 바뀌어 가니 오랜 세월이 지난 후면 어찌될까? 궁금하다.

만두 : 다양한 만두피 보편화로 쉽게 즐겨

만두(饅頭)는 밀가루를 반죽하여 얇게 펴서 만든 만두피 속에 야채와 고기 등의 소(음식)를 넣고 빚어 찌거나 삶거나 튀긴 음식이다. 안에 넣은 음식에 따라 야채만두, 고기만두, 김치만두 등으로 부르며, 익히는 방식에 따라 군만두, 찐만두, 물만두 등으로 부른다. 만두피는 곡물가루 외에 생선으로 만든 어만두와 다진 꿩고기로 빚은 꿩만두도 있다. 겨울에는 주로 만두를 장국이나 떡국에 넣어 먹고, 여름에는 찐만두인 편수(네모진 만두)나 규아상(해삼 모양으로 빚은 만두)을 많이 먹는다.

만두와 비슷한 요리는 전 세계적으로도 어렵지 않게 찾아볼 수 있으며 나라별로 다양한 요리법을 가지고 있다. 밀가루 음식이 옛 메소포타미아 문명에서 출발하면서 국수가 발달하였고 동일한 경로를 따라서 만두와 같은 요리가 등장하였고, 이것이 동쪽으로는 중국, 한국, 일본에까지 퍼졌고 서쪽으로는 유럽에까지 퍼졌다는 설은 상당이 설득력이 있는 이론으로 받아들여지고 있다.

국수의 기원에 대해서는 다양한 이견이 있으나 실크로드를 통해 밀가루가 전래되듯이 만두 역시 실크로드를 중심으로 만두와 비슷한 요리가 발견되고 있으며, 만띄, 만트, 만터우, 만두 등 명칭과 형태가 상당히 유사하다는 흥미있는 사실에 주목할 수 있다.

우리나라에서 언제부터 만두를 먹기 시작하였는지에 대해서는 여러 가지의 의견이 있으나 일반적으로 고려시대 후반 이후부터로 보고 있다. 고려사(高麗史)에는 충혜왕조에 내주(內廚)에 들어가서 만두를 훔쳐 먹는 자를 처벌하였다는 기록이 있다. 최세진(崔世珍)의 훈몽자회(訓蒙字會)에서는 만두를 상화라고 하였고, 정조시대 홍석모(洪錫謨)의 동국세시기(東國歲時記)에서는 "상화는 그 모양과 성질이 중국인의 기호에 맞는 관계로 중국 사신이 오면 그들을 접대하는데 썼다"고 하였다. 고려 가요인 쌍화점(雙花店)에 나오는 상화도 이것을 가리키는데 가루에 술을 넣어 부풀린 반죽을 찐 것을 말한다.

가장 오래된 한글판 음식 서적으로 알려진 1670년경의 음식지미방(飮食知味方)에서는 메밀가루로 풀을 쑤어서 반죽하고 삶은 무와 다진 꿩고기를 볶아 소를 넣고 빚어 새옹에 삶아 내었다고 한다. 특히 꿩고기 소는 대원군이 좋아해서 즐겨 먹었다는 기록이 있다. 1800년대 펴낸 주찬(酒饌)에는 소내장인 양과 천엽 그리고 숭어 살을 얇게 저며 소를 넣은 만두가 나온다.

우리나라에서 만두란 말이 처음 기록된 것은 1643년 간행된 영접도감의궤(迎接都監儀軌)에 나오는데, 중국에서 온 사신을 대접하기 위하여 특별히 만들었다고 하며, 그 후에는 궁중의 잔치에도 종종 차렸다고 한다.

한국의 만두는 전통적으로 북부 지방에서 발전되어 왔다. 남부 지방에서는 만두가 보편적이지 못하였는데, 북부 지방에서는 추운 날씨에 메밀과 밀의 재배가 보편적이었던 반면, 남부 지방에서는 온난한 지역이라 쌀 위주의 농사가 이루어졌으며 쌀을 이용한 음식 위주로 발전하였다. 그리고 냉장시설이 갖춰지지 않았던 옛날에는 상대적으로 온난한 지역에서 봄과 여름에 소의 재료인 두부나 돼지고기가 쉽게 변질되었던 문제도 있었다.

예전에는 명절에 별식으로 만두를 빚는 것이 집안 아낙네들의 큰 일이었다. 만두 속이야 그냥 만든다고 해도 만두피는 밀가루를 반죽하여 밀대로 일일이 얇게 펴서 밥주발 같은 동그란 것으로 눌러서 만드는데 잔손질이 많이 가는 일이었다. 그러나 최근에는 만두피가 얇게 만들어져서 크기 별로 포장되어 나오니 거기에 소만 넣어 피를 붙여 주면 될 정도로 한결 수월한 작업이 되었다. 필자가 광주에 살던 시절 같이 근무하던 교수 한 분이 광주의 수퍼마켓에서 만두피를 구하기 어렵다고 하여 의아(?)하게 생각 하였었던 일이 있었다. 호남지방이 미곡농사에 집중되어 메밀과 밀의 재배가 상대적으로 적었던 식생활 문화에 기인한 것이었다.

우리나라의 북부 지방(개성 이북 지역)에서는 만두가 명절음식으로도 취급되어 설날에 만두를 빚는 풍습이 있으며, 만두를 이용해 만둣국을 만들어 먹는 것이 보편화되어 있다. 개성식 만두는 경기도식 만두의 일종으로 보며 다른 경기도식 만두에 비해 크기가 좀 더 큰 형태인 경우가 많다. 개성식 만두를 빚을 때는 보통 얇게 펴서 둥글게 한 만두피에 소를 넣고 맞붙인다. 개성식 만두로는 피라미드 형태로 빚어서 호박과 숙주를 넣어 만든 '편수' 라는 만두가 있으며, 애호박을 적절히 잘라 그 단면을 십자로 갈라서 돼지고기나 쇠고기를 채우고 찐 다음 진간장으로 간을 해서 숟가락으로 먹는 '호박선' 이라는 만두도 있다.

서울에서는 개성과 달리 만두를 빚는 풍습이 보편화되어 있지 않지만, 서울식 만두가 양반들이 즐기는 음식이라 다양한 재료와 형태를 띠고 있다. 서울식 만두는 대부분 반죽을 경단만큼 떼어 둥글게 한 뒤 구멍을 크게 하여 그 안에 소를 넣고 맞붙이되 완전히 붙이지 않고 구멍을 조금 만들어 구멍 안으로 국물이 들어가서 만두 맛을 높이게 한다. 그리고 조선 시대 궁중 요리로 만든 해삼 모양의 '규아상(또는 미만두)' 이 있다.

평안도식 만두는 두부와 돼지고기를 함께 삶고 숙주나물을 넣는 것이 보통으로 피 크기가 크므로 속을 충분히 채워 매우 크게 만든다. 우리나라의 만두에서 밀가루나 메밀가루로 만든 전분 피가 아닌 다른 재료를 만두피로 사용하는 경우도 있다. 대표적으로 생선살을 이용한 어만두가 있으며, 배춧잎을 이용한 '숭채만두', 그리고 얇게 저민 전복을 사용하기도 한다. 생선살과 전복을 이용한 만두는 궁중 요리에도 사용되며 구수훈(具樹勳)의 이순록(二旬錄)에는 "인조가 전복만두를 좋아하였는데 생신날에 왕자가 비(妃)와 함께 동궁에서 직접 만두를 만들어 가지고 새벽에 문안을 올렸다"는 기록이 있다.

여러 가지가 만두소의 재료가 되지만 사실 필자는 집에서 입맛이 없을 때는 만두를 자주 빚어 가족들에게 봉사하고 있다. 더욱이 요즈음에는 만두피가 다양하게 보급되어서 조금만 노력하여 만두소만 만들면 휴일 한 끼를 전 가족이 가장 표(?) 만둣국을 즐길 수 있다. 주방보조(?) 내자가 부엌을 어지럽힌다고 투덜대지만 온 가족의 환호에 힘입어 내자의 잔소리는 귓등으로 흘리며 필자의 솜씨는 여전히 진가를 발휘(?)하고 있다.

묵 : 계절마다 묵 재료와 맛 달라

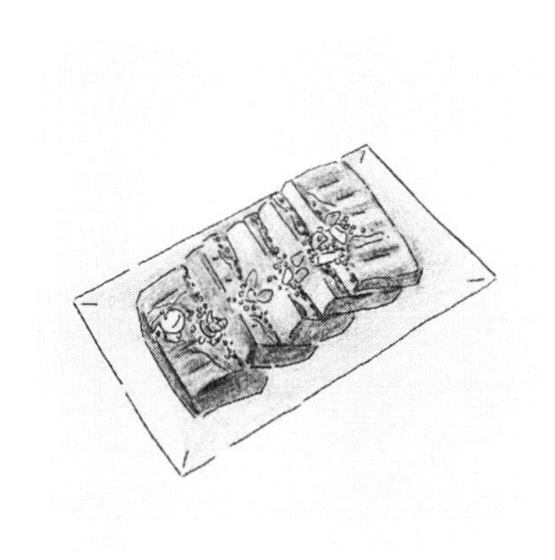

찬 바람이 뼛골까지 쑤시는 한겨울 밤, 멀리서 처량하게 들려오는 "메밀묵 사려! 메밀묵…"의 구성진 목소리는 서글픔을 더하여 뱃속에서 "쪼로록~" 소리가 나도록 시장기를 돋우고, 메밀묵에 시큼한 김치를 송송 썰어 고소한 참기름과 식초에 묻힌 메밀묵 무침을 생각하면 나도 모르게 입에는 한 움큼의 침이 고이게 된다.

묵은 곡식 또는 나무열매나 뿌리 따위를 맷돌이나 분쇄기에 갈아서 가라앉힌 후 그 앙금을 물과 함께 죽 쑤듯이 되게 쑤어 식혀서 굳힌 것으로 우리나라 고유의 전통음식이다.

묵은 메밀, 녹두, 도토리 등을 물에 불려 갈아서 앙금을 내어 윗물은 버리고 가라앉은 전분만 말린 다음 가루를 내어 풀 쑤듯이 쑤어 식힌 음식이다. 묵은 전분에 물을 넣고 가열하여 끓으면 전분이 열에 의해 걸쭉하게 죽같이 되며, 걸쭉해진 전분을 식히면 다시 굳어지면서 칼로 썰 수 있을 정도가 되면 묵이 완성된 것으로 쫀득한 맛을 즐길 수 있게 된다. 이것은 전분이 열에 의해 호화되고 식으면 다시 굳어 겔화되는 원리이다.

예전에는 일반 가정집에서 묵을 만들어 먹으려면 만드는 과정이 복잡하여 보통 손이 가는 일이 아니었다. 그러나 요즈음은 복잡한 과정을 거쳐서 만들어진 여러 가지 묵의 가루가 일반 수퍼에서도 손쉽게 구할 수 있어 집에서는 단순히 묵가루에 물을 부어 죽 같이 쑤어서 일정한 틀에 붓고 식히기만 하면 되니 아주 손쉬운 작업으로 마음만 먹으면 언제나 즐길 수 있는 음식이 되었다.

묵은 원시사회 수렵과 채집에 의해 식생활을 영위하던 시기부터 우리 조상들이 식용해온 가장 원시적인 음식이며, 실제로 선사시대 역사유적지에서 식용으로 사용하기 위해 저장했던 도토리가 발견되어 국립박물관에 소장되어 있다.

묵을 먹기 시작한 시기에 대해서는 확실한 기록이 없으나,

묵의 원료가 되는 과실인 도토리에 대한 식용 기록은 선사시대의 유적으로부터 그 흔적을 찾을 수 있다. 우리나라의 서울 암사동과 경기도 광주의 미사리, 황해도 봉산의 지탑리 유적 등 선사시대 유적에서는 빗살무늬토기와 함께 잡곡류, 도토리, 밤이 발견되고 있어 이들 곡물은 갈돌과 갈판을 이용하여 가루로 만들어지고, 이 곡물가루에 물을 부어 끓여서 먹는 조리법, 즉 죽의 형태로 화식(火食)을 하였을 것으로 짐작된다.

묵에 관한 고문헌으로 ≪임원십육지≫(1827)와 ≪증보산림경제≫(1766)에서는 메밀, 도토리 효능에 대해 기록되어 있으며 1449~1451년의 ≪고려사≫제33권에서는 농사가 흉년이라 왕이 식찬을 줄이고 도토리를 가져다가 맛보았다는 기록이 ≪고려사≫제134권과 ≪조선왕조실록≫에도 태종부터 정조대까지 30여 차례에 걸쳐 도토리가 구황식으로 쓰였다는 기록이 있다.

묵의 종류는 메밀묵, 도토리묵, 청포묵, 올갱이묵, 올챙이묵, 우뭇가사리묵, 콩묵(두부), 건조묵, 박대묵, 황포묵, 어묵 등 재료에 따라 다양하다. 지금은 계절에 상관없지만 청포묵은 봄, 올챙이묵은 여름, 도토리묵은 가을, 메밀묵은 겨울에 먹어야 제격이다.

묵은 수분 함량이 80% 이상으로 열량이 적으면서 포만감을 주는 다이어트 식품이다. 밥 한 공기(약 210g)가 300㎉인 것을 기준으로 보면 묵의 칼로리는 100g 당 약 40~60㎉ 정도이며, 메밀묵, 청포묵 등은 수분 비율이 85~90% 정도 되기 때문에 칼로리는 대개 비슷하다. 칼로리는 낮고 포만감이 커서 배부른 느낌을 주기 때문에 다이어트에 우수한 식품으로 추천된다. 우리가 보릿고개를 넘기기에 힘들었던 시절 강원도 산간지방에서는 도토리묵이 일용할 양식(?)으로서의 역할을 톡톡히 했었던 서글픈 시절이 있었다.

도토리, 메밀, 녹두 등 묵의 재료는 약리적인 효과가 있다. 도토리는 피로회복 및 숙취해소에 좋고 당뇨 등 성인병에도 좋다. 특히 도토리 속에 함유된 아콘산은 인체 내부의 중금속 및 여러 유해물질을 체외로 배출시키는 작용을 한다. 메밀은 루틴이 모세혈관의 투과성을 억제하여 약해지는 것을 방지하며 장과 위를 튼튼하게 하고 정신을 맑게 한다. 청포묵을 만드는 녹두는 성질이 차고 해열 및 해독에 효과가 있고, 피부미용에 좋다.

어릴 적에 필자는 청포묵을 만들 때 묵을 일정한 틀에 넣고 식힐 때 상층부에 뜨는 묵물을 가지고 찹쌀로 만드는 아릿한 맛의 묵죽을 특히 좋아하여 동네 사람들이 청포묵을 쑤면 잊지 않고 묵과 묵물을 필자의 선친이 봉직하시던 초등학교 '교장댁' 으로 보내주던 정감어린 추억을 가지고 있다.

좋은 묵은 손가락으로 누르면 눌린 자리가 탄력 좋게 바로 원상태로 돌아가고 살짝 두드리면 탱탱하게 탄력이 있으며 색이 말갛고 투명한 것을 꼽는다. 메밀묵은 색이 일정하며 툭툭 끊어지는 것이 좋은 메밀로 만든 것이고, 도토리묵은 연한 갈색이 나며 손으로 만졌을 때 하늘하늘한 탄력이 있어야 한다. 청포묵은 색이 하얗고 투명한 것이어야 하고 올챙이묵은 노릇하고 뿌연 색감이 난다.

묵은 우리 민족의 외식 메뉴의 식단에서 빠질 수 없는 그야말로 정감어린 음식으로 빛없이 식단의 한 모퉁이를 오랫동안 당당히(?) 한자리를 차지하고 있다.

밤 : 전분 많아 소화 잘되고 허약체질에 좋아

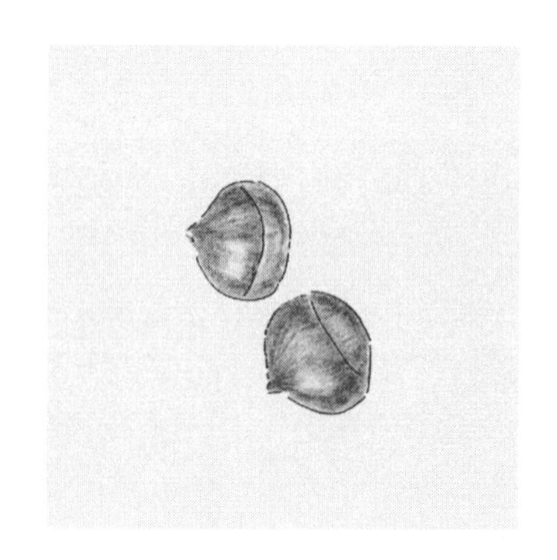

살을 에는 추운 겨울저녁, 호롱불 밑에서 손을 불며 장작불 화로에서 구수한 군밤을 구워 파는 군밤장수가 나타날 즈음이면 동짓달이 가까워 오고 한해가 저물어 간다. 한잔 술에 얼큰히 올라 귀갓길을 재촉하는 가장들은 집에서 가장의 귀가를 기다릴 가솔들에 대한 미안한 마음에서 따끈한 군밤 한 봉지를 사가는 정겨운 마음……. 민초들의 생활을 상상하기에 충분하다. 추석 전후로 밤나무 숲에서 탐스런 알밤을 줍는 재미는 경험해본 사람만이 그 즐거움을 안다. 광주 조선치대에 몸담고 있을 시절 필자가 속해 있는 여러 학회를 조선치대에 유치하였었다.

어느 해 가을, 학회 후 식사할 장소를 물색 차 담양의 식영정 근처의 한식집을 찾았었는데, 주인과 이야기 중 마침 바람결에 밤나무에서 떨어진 알밤을 본 진돗개 누렁이가 행여 누군가 밤에 손을 댈세라 으르렁거리며 쏜살같이 달려와서 밤을 껍질 채 아삭아삭 먹는 것을 보고 밤맛을 즐길 줄 하는 식도락 개(?)에 놀란 기억이 난다.

밤은 10여 종이 있으나, 그중 과실로 이용하는 것은 밤, 약밤, 유럽밤, 미국밤 4종이다. 밤은 견과의 일종으로, 가시가 난 송이에 싸여 있고 갈색 겉껍질 안에 얇고 맛이 떫은 속껍질(보늬)이 있으며, 날것으로 먹거나 굽거나 삶아서 먹는다.

밤(Castanea crenata)은 "한국밤"으로 부르며 알이 크고 질이 좋고 평균 수분 60%, 녹말 30%, 당분 5%, 단백질 4% 정도를 함유한다. 한국에서는 남부 지방에서 주로 재배하는데, 부여, 공주 등 충청남도 지역과 광양, 순창, 임실 등 전라남도 지역, 하동, 산청 등 경상남도 지역이 대표적인 재배지이다.

국내개발 품종과 일본 등 외국에서 도입한 품종이 있으며, 일반적으로 한국 재래밤은 감미가 높으나 일본밤은 맛에 있어 품질이 떨어진다. 대한민국은 중국에 이어 세계 밤 생산 2위 국가로 전 세계 밤 생산량의 7% 가량을 차지한다. 밤나무는 우리나라에서 예부터 산야에 자생되어 전국적으로 널리 재배한 것으로 알려지고 있다. 1145년, 고려 인종 25년에 밤나무 재배가 권장됐다는 기록이 있으며 역대 임금마다 특수 수종인 밤나무·대추나무·뽕나무 등의 재배를 장려했었다.

밤나무 품종분류는 1931년 일본인에 의해 처음으로 시도되어 밤나무가 가장 많이 재배됐던 시기는 1941년경으로 당시 약 9천t의 밤이 생산된 것으로 기록되고 있다. 이후 밤나무는 관리소홀 등으로 해마다 줄어들었는데 설상가상으로 1960년께 강원도 원주지방에서 발견된 밤나무 혹벌로 인한 피해가 막심하여 재래종 밤나무는 모두 전멸되다시피 하여, 그 이후 밤나무 품종개량이 본격화되어 혹벌에 강한 범나무 품종이 12개종이 선발되고 보급되기 시작하였고 지금은 국내 선발종 8종과 일본종 8종 등 16종이 널리 식재되고 있다.

식물이 열매를 맺기 위해서는 꽃을 피운다. 물론 밤도 예외없어 밤꽃을 피우며, 밤꽃 필 시절에 밤나무 숲에서 진동하는 밤꽃 냄새는 정액 냄새와 비슷하여 '밤꽃 필 때 과부 바람난다!' 는 속설이 전해온다. 실제로 밤꽃과 정액에는 스퍼미딘(spermidine)과 스퍼민(spermine)이라는 물질이 공통적으로 포함되어 있고, 염기성인 이 물질로 인해 독특한 냄새가 나는 것이라고 한다.

밤을 먹는 방법으로는 그냥 모든 껍질을 다 까서 먹는 것과 까서 하루 정도 물에 넣어뒀다 먹는 방법, 구워 먹는 방법(군밤), 쪄 먹는 방법(찐밤), 돌로 굽는 방법(약밤)등 다양하다. 쪄서 으깨 만드는 한과인 율란도 있다. 군밤을 상품화한 것으로는 맛밤이라는 제품이 가장 대표적으로 시판되고 있고, 요즈음은 젊은 층을 노려 몇몇 밤 생산지에서는 막걸리에 밤의 맛을 접목시킨 밤 막걸리를 만들어 판매하고 있다. 또한 밤은 설탕이나 꿀물 꿀물에 조리기도 하고, 밤가루를 내어 죽이나 이유식을 만들기도 한다.

밤가루는 각종 과자와 빵, 떡 등의 재료로도 사용하며, 아이스크림 등의 여러 가공 식품에 쓰이기도 한다. 이외에도 밤은 한약재로도 쓰이는데, 만성 구토증과 당뇨병을 치료하고 위장과 신장을 튼튼하게 한다.

밤은 양질의 전분을 다량 함유하고 있어 몸을 살찌우기에 용이하며 특히 소화가 잘 되기 때문에 환자나 허약체질인 사람에게 좋다. 대부분 문화권에서 식용 밤은 군밤, 삶은 밤, 제과용으로 익힌 상태에서 소비되는 것과 달리 우리나라에서는 밤을 김치 등 요리의 부재료 및 제사 의식용으로 생밤 형태로 상당량을 소비한다. 특이한 것은 전국 밤 소비량의 절반가량이 추석 때 소비된다고 한다.

지방과 집안마다 제사나 차례상을 올리는 풍습이 조금씩 다르기는 하지만, 제사상에 빠지지 않고 오르는 과일이 바로 깎은 밤이다. 다른 식물의 경우 나무를 길러낸 최초의 씨앗은 사라져 버리지만 밤만은 땅속에 들어갔던 최초의 씨밤이 그 위의 나무가 커져도 절대로 썩지 않고 남아 있다고 한다.

오랜 시간이 흐른 뒤에도 애초의 씨밤은 그 나무 밑에 생밤

인 채로 오래오래 그냥 달려있다는 것이다. 이러한 특성 때문에 밤은 조상의 뿌리를 기억하자는 맥락에서 제사상에 올린다는 것이다. 이러한 특이한 의미로 이름자에도 율(栗)자를 포함하여 이름을 짓곤 하는데, 과일 이름이 이름자에 포함될 정도로 밤은 우리의 정서에 깊이 자리 잡고 있다,

배 : 추위에 기관지 보호해 줄 약선 음료

우리나라에서 나오는 과일이 모두 맛 있지만 그 중에서 하나를 고르라고 하면 필자는 서슴없이 배(梨)를 고르리라. 한국산 배야 말로 그 맛이 세계에서 최고라고 자부할 수 있다. 수년전 나주 배 맛에 놀란 미국 사람들이 농무성 검사관을 나주에 파견하여 까다로운(?) 검사를 거쳐서 수출된 나주의 배가 New York의 유수한 백화점 과일 corner에서 비싼 가격에 날개 돋친 듯이 팔린다는 미국인 교수의 말에 이제야 비로소 미국 사람들이 제대(?)로 된 배 맛을 보는구나 하고 웃던 일이

있었다.

배(梨, Pear)는 장미과 배나무속에 속하는 낙엽교목인 배나무의 과실로 국내에서 재배되고 있는 배는 Pyrus pyrifolia var. culta Nakai와 Pyrus ussriensis Maxim과 그 변종이며, 중국에는 Pyurs bretschneideri Rehd가 주로 분포한다.

사실 남도 땅 나주를 떠올리면 배가 먼저 생각난다. 배하면 또 나주로 통할 만큼 나주와 배는 우리에게 하나의 공식처럼 각인돼 있다. 호남 사람이면 나주배, 특히 '신고'나 '이마무라' 등의 배 품종 정도는 기억하며 이는 상식에 속한다. 나주배 재배농가는 3300여 가구에 달하며 면적은 2만8500여ha에 이르러, 나주의 배 생산량은 전국의 배 생산량의 23%, 전남지역의 3분의 2를 차지하고 있다. 더구나 나주 배는 석세포가 적어 과육이 연하고 부드러운 것이 특징으로 과즙이 많고 단맛의 농도도 높으며, 모양 좋고 색깔 또한 고우며 타 지역 배에 비해 오랫동안 저장할 수 있다.

나주는 배 재배에 적합한 기상여건과 영산강 유역 양질의 토양 등 최적의 자연환경 덕에 이미 삼한시대부터 오랫동안 재배되어 온 것으로 전해지고 있다. 이에 대한 최초의 재배기록은 1454년에 편찬된 〈세종실록지리지〉에 이미 나주 목의 토공 물로 나주배의 목록이 나와 있고, 1871년에 발간된 〈호남읍지〉엔 진상품으로 나주배의 기록이 있다. 그러나 근대적인 재배는 1910년대부터 나주시 금천면에서 일본인들에 의해 본격적으로 시작되었다.

광주 조선치대에 몸담고 있을 시절 김생곤 교수(조선치대 동물학교실)의 춘부장께서 나주에서 과수원을 운영하고 계셔서 김 교수 연구실에 갈 때마다 배 즙을 즐기곤 하였다. 보기에 탐스런 배를 얻기 위해서 배꽃이 필 때부터 수확할 때까지 무려 마흔 번 정도의 농약을 뿌린다고 하니 거의 한 주일에 한 번꼴로 농약을 살포하는 셈이라고 한다. 인건비와 농약 값 그리고 거기에 드는 농부의 땀 어린 정성은 상상을 초월한다.

궁중에서는 과일 중 배를 많이 사용했으며, 배숙은 배로 만든 대표적인 궁중 음료로서 생강 물에 배와 꿀을 넣고 끓여 만들었다. 쌀쌀한 가을부터 추운 겨울까지 마시며 기관지를 보했던 약선 음료였다. 특히 고종은 밤참으로 배를 많이 넣어 담근 배동치미에 국수를 말아 먹는 것을 즐겼다고 한다. 달콤하고 시원한 동치미국에 육수를 더하고 메밀국수를 말고, 그 위에 쪽배처럼 수저로 떠낸 배를 하얗게 덮었다. 고종을 위해서 수라간 상궁들은 겨울이면 국수를 만들 육수로 쓸 배동치미를 따로 담글 정도였다고 한다.

배를 이용한 요리로는 배꿀, 배 찜, 배숙, 배주스, 배깍두기, 배잼 등이 있어 오랫동안 우리 민족의 사랑받아 왔다. 근자에 나주배의 수출 길도 다변화되어 2007년 미국으로 200여 톤을 시작으로 대만, 두바이에도 수출이 추진되어 2007년 수출 물량은 3000여 톤(700만불)에 이르고 있으며, 상표도 '그린시아 나주배(GREENCIA NAJU PEARS)' 라는 고유 브랜드로 미국은 물론 대만·중동까지 넓혀지면서 교민들은 물론

현지인들의 입맛까지 사로잡고 있다.

배의 효능으로 기관지질환 예방 및 개선효과가 있으며, 해열, 해갈작용이 있다. 배에는 변비개선 및 예방효과가 있으며, 연육작용이 있어 고기를 부드럽게 만들기 때문에 갈비, 불고기 등에 많이 사용된다. 또한 배는 숙취해소 기능을 가지고 있고, 체내의 노폐물과 독소를 체외로 배출시켜 준다.

배에는 적지 않은 비타민과 미네랄이 함유되어있어 혈관건강과 혈류를 개선할 수 있다. 또한 배에는 펙틴 같은 식이섬유도 포함하고 있어 혈중콜레스테롤 수치를 낮추는 역할을 하며, 체내의 면역력을 증가시켜주는 미네랄, 비타민 등의 성분을 포함하고 있어 암 유발 물질을 대부분 체외 배출시키며, 칼륨성분이 풍부한 덕에 체내의 불필요한 나트륨을 체외로 배출시켜 혈압을 안정시키는 효과를 기대할 수 있다. 그러나 배는 기본적으로 차가운 성질을 가지고 있기 때문에, 평소에 몸이 찬 사람은 과하게 섭취 시에 설사, 복통 등의 부작용이 있다.

필자가 광주 조선치대에 몸담고 있을 시절 어느 해 구정연휴에 서울 오는 길에 윤창륙 교수(조선치대 구강내과)의 승용차에 편승한 일이 있었다. 필자의 서울 집에 와서 윤 교수는 배를 한 상자 선물하고 갔다. 문제의 배는 윤 교수가 당일 출발 시간까지 늦추어 가며 몸소 시간을 내어 나주까지 가서 사 온 것으로 그 정성에 감복할 정도였는데, 사실 그 맛은 '무' 수준의 돌배 이었다. 후일 윤 교수의 말로는 선물을 받았던 윤 교수의 형제들이 이구동성으로 '나주 무를 사왔냐' 고 핀잔을 했다고 해서 웃었다. 나주의 배라고 해서 다 세계적인(?) 맛은 아닌 것 같다.

보신탕 : 단백질 흡수율 높아 회복용으로 인기

보신탕이란 이름에 대해서 생각해 본다면 한자로는 補身(보신)이라고 쓴다. '보'는 부족한 것을 채운다는 뜻으로 원래는 한의학에서 썼던 말인데 이승만 정권 시절 이후에 흔히 쓰이게 된 것으로 그 이전에는 '개장국(狗醬)'이었다. 1984년 서울 올림픽을 유치하게 된 후 많은 외국인들이 우리나라를 찾게 되는데 이들의 시선을 의식하여 대로변의 보신탕 전문음식점을 골목으로 이전하도록 서울시에서 행정지도(?)하였고 사철탕이니 보양탕 등의 요상한 이름으로 불리게 되었다. 지금의 대한민국 식품위생법에서는 식품에 쓸 수 있는 동물성 원료로서의 개고기에 대한 특별한 규정은 없다. 축산법에는 개를 가축에 포함시키고 있지만, 축산물가공처리법에는 개를 포함시키고 않는다.

서울특별시는 1984년부터 보신탕을 혐오식품이라 하여 개고기 판매를 금지시킨 상태이며, 식용으로서 개고기에 대한 논쟁도 활발하다. 1999년 World cup 축구대회 개최를 앞두고 불란서 배우 Brigitte Bardot가 개고기를 먹는 한국에서 세계적인 문화행사를 할 자격이 없다는 대대적인 거부운동을 벌인 바 있다. 그러나 사실은 그렇게 반려동물이라고 우기던 Brigitte Bardot의 조국 불란서 사람들조차 여름 휴가철이 되면 버리고 가는 개가 엄청나게 늘어나서 유기견 처리에 사회적으로 큰 골칫거리인 현실을 어떻게 설명할 것인지…….

인류의 역사 이래로 보신탕은 농경사회의 흔한 음식이었다. 개를 먹었던 최초의 역사적인 사례는 신석기 시대로 거슬러 올라간다. 신석기 유물에서 보이는 여러 가축의 뼈와 개뼈들에서 그 최초의 증거를 찾을 수 있다.

한자에 더위를 나타내는 복(伏) 자는 복날 개고기를 먹었기에 이러한 글자가 생긴 것이고 헌(獻) 자도 제사나 의식에 개가 등장했음을 추정할 수 있게 한다. 실제로 역사적인 자료에서 최초로 개의 식용에 관한 언급은 중국의 사마천이 쓴 ≪사기≫ 진기 제5장에는 "진덕공 2년(기원전 679년) 삼복날에 제사를 지냈는데 성내 사대문에서 개를 잡아 충재를 막았다"라는 기록이 남아 있고 주역과 예기의 곡례하편, 월령편에서는 천자가 먹고 제사에도 바쳤다는 기록이 있다.

한국에서 개고기는 삼국시대 이전부터 먹었을 것으로 추정된다. 16세기 조선의 의학서인 ≪동의보감≫에 의하면 "개고기는 오장을 편하게 하고 혈맥을 조절하고 장과 위를 튼튼하게 하며 골수를 충족시켜서 허리와 무릎을 따뜻하게 하고 양도(陽道)를 일으켜서 기력을 증진시킨다"고 적고 있다.

18세기의 책 ≪동국세시기≫에는 개를 요리하는 방법이 언급되어 있고 당시의 실학자인 정약용과 박제가는 개고기 요리법에 정통했다는 기록이 있다. 조선 왕실에서도 개고기를 즐겼는데 정조의 어머니 혜경궁 홍씨의 식단에 개고기 찜이 올랐다고 하며 이조말의 순종도 개고기를 즐긴 것으로 보아 조선시대 개고기는 서민뿐 아니라 양반 같은 지배층까지 두루 즐긴 것으로 보인다. 개고기는 다른 육류에 비해 고단백질, 고지방 식품이며 소화 흡수가 빠르고, 아미노산 조직이 사람과 가장 비슷해서 단백질 흡수율이 높아 병후 회복이나 수술 후에 복용해 왔다.

필자가 조선대에 근무 할 당시 병실 복도에 이상한 냄새가 나서 알아보니 큰 수술을 받은 환자가 마취에서 깨어나서 음식을 섭취할 정도가 되면 보신탕을 상용시킨다는 것이다. 일전 한국이 낳은 세계적인 암전문의인 김의신 박사가 치료중인 암환자에게 음식으로 의외로 보신탕을 추천, 회복기의 환자에게 도움이 되는 음식임을 알 수 있었다.

보신탕은 성인병의 원인으로 지목되는 포화지방산이 적은 반면, 몸 안에서 잘 굳지 않는 불포화지방산이 많은 식품이다. 지방질을 구성하는 지방구의 크기도 소기름이나 돼지기름에 비해 6분의 1 정도여서 과식해도 탈이 나는 경우가 거의 없다. 현대 영양학적으로도, 개고기는 소화력이 뛰어난 아미노산 성분과 비타민, 지방질이 풍부하고 특수 아미노산 성분이 많아 체력보강에 도움이 된다고 한다.

보신탕은 개고기에 토란줄기, 들깻잎, 마늘 등을 넣어서 요리하는 것이 보편적이다. 보신탕에 추가되는 양념 중 마늘은 allicin 이라는 성분이 함유되어 각종 영양소가 위장에서 효율적으로 흡수되게 도와준다. 반면 개고기는 지방량이 많아 비만, 당뇨, 지방간 등을 앓고 있는 사람에겐 이롭지 않다. 개고기는 소화가 잘되는 양질의 단백질이 함유되어 보양음식의 제일로 여긴다.

사실 따지고 보면 보신탕은 서민에게 여간 애환이 서린 음식이 아니다. 지금이야 대부분의 우리나라 국민들이 경제적으로 풍요로운 시절을 보내고 있지만 한국전쟁이 끝나고 난후 우리나라가 못 살아서 보릿고개를 넘기기에 숨 가쁠 때 농촌에서는 변변한 요깃거리가 없었다. 한여름 염천 땡볕에 논밭에서 농부들이 농사일을 하려면 뱃가죽이 등에 붙어 죽을 지경인데, 우리의 미작 농업구조상 볍씨를 파종할 때부터 추수할 때까지 동전 한 닢 만질 수가 없었다.

암탉에서 나오는 달걀은 팔아서 아이들 눈깔사탕거리로라도 써야지 감히 암탉을 잡아먹을 수는 더더욱 없는 일이다. 사실 60년대에 장정 임금은 3~4일 합해봐야 영계백숙 한 마리를 겨우 살 정도였다. 할 수 없이 옆집 누렁이를 추렴(출렴 出斂)하여 보신탕을 먹고 기운을 차려 다시 농사일을 할 수 밖에 없던 우리의 서글픈 기억을 젊은 세대는 모르고 있다.

이때의 누렁이 값은 가을 철 추수 때 쌀 됫박이나 주기로 한 외상이었음은 물론이다. 당시에는 우선 기력을 회복하여 다시 들로 나가야 하는 농민들에게 배고픔을 참아야하는 현실 속에서 애완동물이니 반려견이니 비문화인이니 운운하는 것은 배부른 잠꼬대였다. 사실 농촌에서 보리 고개를 잊고 밥술깨나 먹게 된 것도 불과 얼마 전 일임을 우리는 쉬 잊고 있었다.

1991년 미국 Michigan치대에 방문교수로 갔을 때 Detroit의 한국식당에서 교포들에게 보신탕을 선전하는 전단지를 돌리는 것을 보고 한국 사람이 있는 곳에서는 어디에서든지 역시 보신탕이 있구나 하고 뿌리 깊은(?) 보신탕 문화에 놀란 기억이 난다. 이제는 한글과 한국어를 이해하는 외국인이 의외로 많으니 조심할 일이지만…….

부대찌개 : 육수만 부으면 불어나는 맞춤요리

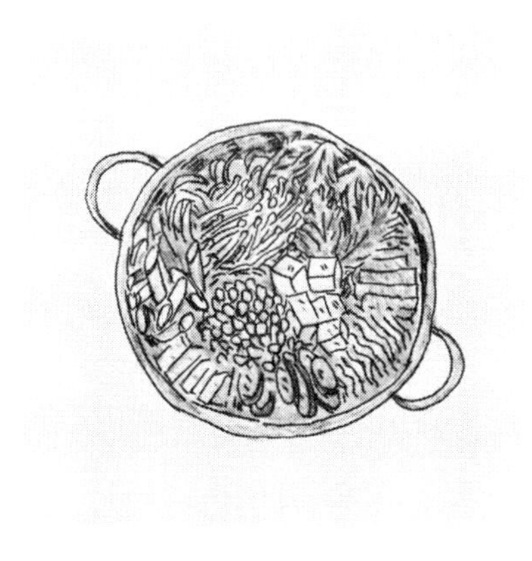

부대찌개란 6.25한국전쟁 후 미군이 한국에 주둔하면서 생겨난 특이한 음식으로 어찌 보면 지극히 서글프고 춥고 배고픈 시절의 향수를 회상하게 하는 음식이라고 할 수 있다. 부대찌개는 1950년대 6.25 한국전쟁이 발발한 이후 남한에 미군이 주둔하게 되고, 당시 어려웠던 식량 사정으로 인해 주한미군 부대에서 쓰고 남은 햄, 소시지, 베이컨 등을 가져와 김치를 넣고 솥뚜껑에 볶은 요리가 원조라고 한다. 너무 볶으면 재료가 타고 국물이 졸아들어 짜게 되니 여기에 물을

추가하여 끓이다보니 술안주나 밥반찬으로 적당한 국이 탄생해 지금의 부대찌개의 형태로 완성된 것이라는 주장이 있다.

미군들은 병영 식당에서 그날 쓸 요리 재료가 남더라도 재사용하지 않고 전량 폐기하게 되어 있다. 이것을 아깝게 여긴 미군부대에 근무하던 한국인 군속들이 이 재료들을 재활용(?)하여 미군 기지촌 주변에 유통시켜 이를 이용한 다양한 음식이 개발되기 시작하였다.

시간이 경과함에 따라 일정한 절차를 거쳐서 미군 부대에서 사용되지 않은 잔여 식재료들이 기지촌 주변에서 유통되기 시작하였다. 더구나 음식 재료 중에는 한국전쟁 이전에는 상당기간 한국 시장에서는 접해 보지 못했던 음식재료(소시지, 베이컨, 햄 등)가 포함되어 있어 한국 사람들에게 새로운 음식재료에 대한 호기심을 자극하게 되었다. 더구나 이들 재료에 다양한 한식 재료를 가감하고 양념을 추가하여 한국인의 입맛에 맞는 얼큰한 부대찌개로 발전하였다. 그러나 이런 합법적(?)인 방법 이외에도 미군 부대에서 먹다 남은 쇠고기와 햄 소시지 등 음식물 찌꺼기를 싼 값에 사들여 부대찌개를 만들어 팔아온 유명 업소와 음식물 찌꺼기를 빼돌린 미군 부대 조리사 등이 경찰에 적발되었다는 신문 보도가 아직도 심심치 않게 신문의 한 귀퉁이를 차지하고 있다.

부대찌개는 미군 부대의 위치에 따라서 의정부식이니, 동두천식이니 송탄식이니 하는 다양한 조리 방식이 생겨났고 가격 또한 영양가(?)에 비해 저렴하여 서민의 사랑을 받아 왔고 이제는 미군 부대에서 유통된 재료가 아닌 한국산 재료들을 이용한 독자적(?)인 한국식 부대찌개가 개발되었다. 각 지방자치단체에서는 독자적인 '부대찌개'를 알리려는 노력이 계속되어, 의정부에는 부대찌개거리가 있을 만큼 부대찌개 맛집이 많고 '의정부 부대찌개 축제'도 열린다.

오래전 필자는 학부시절 '전국 가톨릭 학생총연합회'라는 학생 단체에 가입하여 수년간 활동한 일이 있었다. 하루는 이 모임에서 뒤풀이로 식사 중에 필자의 옆에 앉아있던 어느 여학생이 '부대찌개가 뭐예요?' 하고 물었다. 당시 맞은 켠에 앉아 있던 고대석 선배(전 KBS 제주 방송기자, 언론중재위원회 상근 위원역임)가 이 말을 듣고 시치미 뚝 떼고 '부대라는 동물로 만든 음식'이라는 썰렁 유머에 일동이 한참 웃었던 기억이 있다.

그로부터 수년 후 필자는 치대졸업 후 수련을 마치고 군에 입대하여 서부전선 00사단 의무대에서 근무하여 부근의 미군 부대에 관련된 다양한 문화(?)를 접했다. 그렇지만 정작 필자가 군생활 당시 문제의 원조 '부대찌개'의 맛에 대한 기억이 별반 없는 것은 당시에 부대찌개 말고도 군발이(?) 주머니 사정에 맞는 다양한 먹거리가 풍부하게 있었기 때문이 아닐까 하는 생각이 든다.

사실 세계적으로 유명한 요리들 중에도 처음에는 부대찌개처럼 먹고 남은 재료로 만들거나 잔반 처리 목적으로 만들어진 경우가 있다. 퍼는 원래 식민지 시절 프랑스인들이 포토퓌(pot-au-feu)를 먹고 남은 국물에 베트남인들이 국수를 말아 먹은 게 시초이다. 프라이드 치킨은 농장주들이 닭요리를 먹고 버린 닭날개나 닭다리를 흑인 노예들이 튀겨 먹은 게 시초이며, 고급 요리로 알려진 퐁뒤도 원래 먹고 남아 딱딱해진 치즈와 빵조각을 처리하기 위한 잔반처리용 음식이었다. 카페에서 제법 비싼 가격에도 인기를 자랑하는 티라미수(이탈리아어: Tiramisu)도 남은 커피와 과자를 재활용하기 위해 만들어진 음식이라고 한다. 생선을 이용한 요리로는 부야베스(Bouillabaisse, 마르세유 지방에서 특히 유명한 프랑스식 해물 스튜)가 있는데, 팔다 남은 잡어를 죄다 넣고 끓인 것에서 유래했다고 한다.

러시아와 동유럽 지역에도 부대찌개와 유사한 솔랸카(Solyanka)라는 러시아 요리가 존재한다. 기본적으로 고기국물에 소시지와 햄 및 마늘, 양배추, 양파, 레몬, 마요네즈 등이 들어가며, 부대찌개에 김치를 넣는 것처럼 발효된 피클과 피클 국물도 들어가며, 토마토 페이스트와 파프리카 가루 등도 넣기 때문에, 완성된 모습만 보면 부대찌개와 정말 유사하다. 러시아는 한반도와 국경을 맞대고 있어, 한국의 근대화와 한국전쟁 사이에 적지 않은 영향을 미쳤기 때문에 부대찌개의 탄생에도 영향을 주었을 수도 있었을 것으로 유추해 볼 수 있다.

부대찌개를 구성하는 거의 모든 재료는 부분적인 추가를 할 수 있다. 햄과 소시지, 라면사리와 당면 추가는 웬만한 부대찌개 전문점에는 메뉴판에 목록이 나와 있고, 치즈 등 나머지 재료도 취향에 따라 얼마든지 추가할 수 있다. 부대찌개는 값에 비해 내용이 푸짐하여, 주머니가 가벼운 대학생의 뒤풀이용 안주로도 흔히 등장한다. 실제로도 대학가 앞 호프집에는 거의 고정적으로 부대찌개, 김치찌개가 메뉴의 한자리를 차지하고 있으며 부대찌개는 소주와 매우 잘 어울리는 안주이다. 거기에다 육수만 부으면 얼마든지 다시 양이 불어나니 서민들에겐 도깨비 방망이(?) 같은 안성맞춤식 요리라고 할 수 있다.

16

부추 : 소화작용 돕고 암 예방 효과 알려져

부추는 수선화과 부추아과 부추속(Allium)에 속하는 여러해살이풀로 한번 심으면 몇 년이고 잘라 먹을 수 있다. 부추의 학명은 Allium tuberosum Rottler ex Spreng. 1825 이다. 부추는 일본, 중국, 한국, 인도, 네팔, 태국, 필리핀에서 주로 재배하고 있으나 한국, 중국, 일본에서만 식용으로 하고 있으며, 서양에서는 재배되지 않는다.

부추는 암발아 식물로써 어두운 환경에서 싹이 나는 식물이다. 가늘고 길쭉한 녹색의 잎을 베어 수확하여 채소로 먹는다. 봄부터 가을까지 수확이 가능하며, 특히 봄을 제철로 친다. 늦여름(7~8월)에는 꽃이 피기 시작하는데 이때는 부추의 맛이 떨어진다.

부추는 기원전 11세기 중국의 시경(詩經)에 이미 제사에 사용하였다고 기록돼 있고, 정월에 부추가 나왔다는 기록이 하소정(夏小正)에도 있다. 우리나라의 기록으로는 1231년에 나온 향약구급방(鄕藥救急方)에서 처음 나타난다. 일본에서는 1세기경의 신선자경(新選字鏡)과 본초화명(本草花名)에서 기록을 찾아 볼 수 있다. 이와 같이 부추는 동부아시아의 한, 중, 일에서 오래 전부터 제사, 약용, 식용 등의 다양한 용도로 이용되어왔다. 부추는 한국 각지에서 재배 가능하며, 지역에 따라 부르는 호칭이 다양하다. 서남 방언으로는 '솔' 혹은 '소불'이라고 하며, 동남 방언으로는 '솔' 또는 '정구지', 제주도에서는 '새우리'라고 한다. 게으름뱅이풀이라는 별명도 있는데 이는 하도 쑥쑥 자라니 게으름뱅이라도 기를 수 있다는 데에 유래한다.

부추는 성질이 약간 따뜻하고 맛은 시고 맵고 떫으며 독이 없다. 날 것으로 먹으면 아픔을 멎게 하고 독을 풀어준다. 익혀 먹으면 위장을 튼튼하게 해주고 설정(泄精)을 막아준다. 부추는 일명 기양초(起陽草)라고 부르며, 1578년 이시진(李時珍)이 지은 ≪본초강목(本草綱目)≫에는 온신고정(溫腎固精;주 신장을 따뜻하게 하고 생식기능을 좋게함)의 효과가 있다고 기록되어 있다. 부추는 대표적인 열성식품으로 '간의 채소'라 불릴 만큼 간과 신장에 효과가 좋아 ≪동의 보감(東醫寶鑑)≫에서도 간과 신장의 기능이 허약하여 생긴 각종 질환에 효과가 있다고 기록되어 있다.

열강의 각축장이 된 19세기말 중국에서 부두 노동자들이 비쩍 마른 체격으로 도르래를 통해 엄청난 무게의 배를 거뜬하게 들어 올렸다. 힘든 작업을 쉽게하는 모습을 보고 놀란 외국의 학자들이 이들이 먹는 주식이 밥과 춘장에 찍어먹는 부추뿐이었음에 주목하여 부추의 영양학적인 영향을 연구하기 시작하였다고 한다.

부추의 자극적인 냄새는 주성분인 황함유화합물에 기인하는 것으로, 육류의 냄새를 제거하는 데 알맞다. 잎 100g 속에는 단백질 2g, 당류 2.8g, 칼슘 500mg, 칼륨 450mg이 들어 있으며, 비타민의 보고라고 할 만큼 비타민 A, C, B1, B2 등이 많이 들어 있다. 또한 베타카로틴, 클로로필, 플라보노이드류 등이 다양하게 함유되어있어 강력한 항산화효과와 유해산소제거 작용을 하며, 간기능 개선에도 효능이 인정되고 있다. 또한 부추의 씨앗은 한방에서 구자(구채자)라 하여 비뇨기계통의 질환에 이용한다.

부추에 들어있는 아릴 성분이 장을 튼튼하게 만들며 또한 부추에 함유되어 있는 아릴설파이드라는 성분이 소화효소의 분비를 촉진하여 소화에 도움을 주며 부추에 함유되어 있는 풍부한 섬유질은 대장운동의 활성화로 변비예방 및 치료에 효과가 있다. 또한 부추의 향미 성분 중에 아릴설파이드는 소화 작용을 도와주고 암 예방효과에 탁월함을 보여준다. 부추의 정력증진 효과는 오래전부터 정평이 나 있어 양기를 일으켜 세우는 풀이라는 뜻으로 '기양초'라고도 불렸다. 불교에서 금기시 하는 오신채(부추, 달래, 파, 마늘, 생강) 중의 하나로 스님들의 수행에 방해(?)가 될 만큼 강장 효과가 뛰어난 것으로 알려져 있다.

부추는 부추김치, 부추전, 부추무침, 부추잡채 등으로 만들어 먹으며, 오이소박이의 속재료로 필수적(?)이고, 국이나 찌개 등에 파 등과 같이 향신채소로도 쓰인다. 파랗고 길쭉한 모양새 때문에 김밥 속 재료로 들어가거나 음식을 장식하는 부재료로도 많이 쓴다. 또한 만두 속 재료로도 빠지지 않으며, 부추와 달걀만으로 속을 채운 중국 교자의 기본으로 쓰인다.

새콤하게 익은 부추김치는 별미이고, 비오는 구중중한 오후 부추전에 탁배기 한 잔은 빼놓을 수 없는 재미이다. 필자가 오래전 미국 Ann Arbor에 교환교수로 가 있는 동안 묵었던 Studio에서 지근거리에 있는 Kroger mart에서 부추를 보고 쾌재를 부르며(?) 부추전을 즐기던 아련한 추억이 그리워진다.

비빔밥 : 기술 필요없이 온갖 나물 넣고 비벼

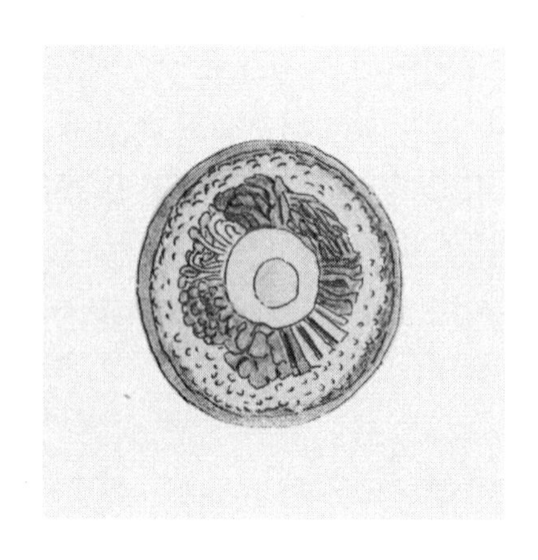

우리나라 음식 가운데 대중적 인기가 높은 음식을 들라면 필자는 서슴없이 비빔밥을 꼽겠다. 이름 있는 지방의 비빔밥에는 그 내용물에 다양한 채소류, 또는 볶은 나물들, 다양하게 손질한 고기 또는 지방에 따라서는 생고기와 초고추장, 취향에 따라 초간장이 들어갈 수 있어 그 준비 또한 만만한 일이 아니지만…….

미식 탐구가 아니고 단지 한 끼를 때우기 위한 개념이라면 집집마다 냉장고에 그간 먹지 않고 넣어두었던 다양한 나물, 김치류, 젓갈류 등을 넣고 취향에 따라서 참기름을 넣고 초고추장이나 초간장을 추가하여 그야말로 비비기만 하면 한 끼 식사로는 훌륭한 요기꺼리가 되니 정말 그보다 더 좋은 요리가 있을까!

제사 후 참석자들의 식사를 위해 온갖 나물을 넣고 비벼서 먹는 비빔밥의 맛을 잊지 못해서 '헛제삿밥' 까지 생겨나 어릴 적 눈을 비비고 참석하던 제사의 향수를 회상하게 한다. 물론 밥을 비빌 때 숟가락이냐, 젓가락이냐, 주걱을 쓰냐의 차이일 뿐이지 비비는 기술이 크게 맛을 좌우하지는 않을 터이니…….

여하튼 비빔밥(乒乓飯)은 대표적인 한국 요리의 하나로 과거에는 골동반(骨董飯)이라고 많이 불렀는데, 이는 중국 기록에 "강남 사람들은 이것저것 한데 넣고 끓여 먹는데, 바로 골동갱(骨董羹)이다"라고 한 기록에 근거한 것으로 보인다. 여기서 갱(羹)은 국을 뜻하는 한자. 골동(骨董)은 또 골동(汨董)이라고도 했는데, 어지러울 골(汨)이다.

문헌상으로 비빔밥의 명칭은 많이 바뀌었지만 '지어놓은 밥에 여러 가지 찬을 섞어 한데 비빈다' 는 뜻은 차이가 없다. 조선 23대 순조 때(1849) 홍석모(洪錫謨)가 저술한 ≪동국세시기(東國歲時記)≫의 동짓달 편에 골동지반(汨董之飯)이란 말이 나오며, 1800년대 말의 양반가의 대표적 작자 미상의 요리서인 ≪시의전서(是議全書)≫에는 부빔밥(汨董汨飯)이라고 쓰여 있다. 여기에 쓰인 한자어인 汨은 어지러울 골이며 董은 비빔밥동자로 골동(汨董)이란 여러 가지 물건을 한데 섞는 것을 말한다. 1913년 발행된 이래 1939년 증보 9판까지 나온 방신영(方信榮)의 ≪조선요리 제법(朝鮮料理製法)≫에는 '부빔밥'이라는 명칭으로 쓰여 지금까지 사용되고 있다.

비빔밥은 지방과 재료에 따라 구분되며, 지방마다 특색이 다르지만, 전주비빔밥과 진주비빔밥이 비빔밥의 대명사로 여겨진다. 최근 식단이 서구화되면서, 다양한 재료를 활용한 퓨전비빔밥이 등장하거나, 잊혀져 가는 지방의 비빔밥을 재해석하여 관광식으로 단장하기도 한다.

1997년 11월 아무 예고 없이 故 마이클 잭슨이 전라북도 무주리조트를 방문한 일이 있었다. 그의 방문목적은 당시 유력한 대통령 후보였던 故김대중 대통령의 측근인 유종근 前 전라북도 도지사를 만나 판문점에서의 세계평화 콘서트를 개최하기 위한 것이었다.

당시 마이클 잭슨이 전주와 무주에 머무르게 되자 그에게 전주비빔밥을 대접하게 되는데 고추장은 빼고 간장으로 비볐다고 한다. 마이클 잭슨은 이 맛에 반해 그 뒤로 방한할 때는 항상 호텔식으로 전주비빔밥을 찾았고 신라호텔에서 이 일을 계기로 마이클 잭슨 비빔밥이라는 메뉴를 개발해 외국인들 사이에서 상당한 인기를 누렸다고 한다. 마이클 잭슨의 이런 전주비빔밥 사랑은 국내에서 엄청난 화제가 되었고, 이를 계기로 대한항공의 기내식으로 전주비빔밥 메뉴가 개발되는 등 마이클 잭슨이 의도치 않게 한식 세계화의 동기부여를 해준 셈이 되었다.

비빔밥이 대한항공 기내식의 대표주자로 떠오른 건 1990년대 중반 즉석 밥이 개발되면서부터이다. 이때부터 전 좌석에 비빔밥 서비스가 가능해졌다고 한다. 대한항공은 기내식으로 비빔밥을 최초로 개발해 1998년 국제기내식경연대회(International Flight Catering Association)에서 업계 최고 권위의 '머큐리상'을 수상한 바 있으며, 지난 2009년부터 베를린, 싱가포르, 베이징, 파리 등 국제 규모의 관광박람회나 주요 음식 관련 행사에 참가해 비빔밥을 포함한 한식 기내식을 지속적으로 전 세계에 소개하여 한식의 국제화에 기여하고 있다.

그 후 전주비빔밥은 우주 식량으로도 개발되었다. 특이한 것은 개발이유가 러시아 측의 제안이라고 한다. 현재 러시아 의생물학연구소의 공식인증을 받아 우주 정거장의 우주인들은 물론 화성탐사 프로젝트에도 공급될 예정이라고 하니 비빔밥의 세계화가 놀라울 뿐이다.

기내식에 비빔밥이 포함된 후 까다로운 미식가들이 비싼 비행기 값에도 불구하고 대한항공을 타려고 안달을 해서 탄 것까지는 좋았으나 준비된 기내식 비빔밥이 바로 앞좌석에서 끝나서 다른 음식을 먹을 수밖에 없었다는 웃지 못할 이야기가 회자되고 있다.

기내식은 예약승객의 숫자에 맞춰 만드는데 탑승객의 국적 통계와 노선별 메뉴 선호를 감안한다고 한다. 그래도 특정 메뉴에 주문이 집중된다면 부득이하게 승객이 원치 않는 메뉴를 제공해야 되는 경우도 있어 승무원들은 이런 상황을 피하기 위해 여분이 넉넉한 메뉴를 권하며 진땀을 빼기도 한다.

이외에도 비빔밥의 세계화에 힘입어 강원 영월농협에서 생산하는 벌꿀고추장은 국내 항공사뿐 아니라 싱가포르항공·에어프랑스·루프트한자 등 외국 항공사에도 연간 4억원어치 넘게 팔려나가고 있으며 농협중앙회는 국내 공항을 경유하는 외국 항공사에 100만 달러 규모의 김치를 공급하겠다는 목표를 밝히기도 했다. 우리나라에 파프리카가 소개된 것도 대한항공이 1994년 기내식에 사용할 목적으로 제주도 목장에서 재배한 것이 시초라고 한다.

이래저래 비빔밥은 다양한 채소를 동시에 먹을 수 있다는 장점에서 인기를 끌고 있다. 물론 일부에서 비빔밥을 먹는 모습이 점잖지 못하다는 의견이 있기도 하지만…….

빈대떡 : 녹두 불려 맷돌에 곱게 갈고 얇게 부쳐

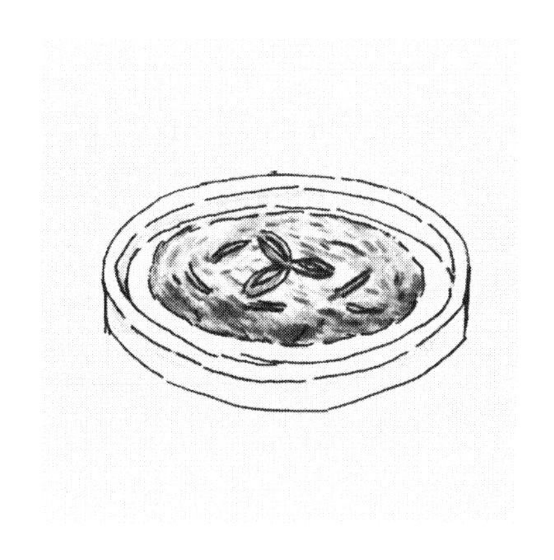

날이 찌푸리고 부슬부슬 비가 내리는 날, 따듯한 온돌방에서 고소한 빈대떡에 막걸리 한 잔을 하고 싶다는 생각은 그리 사치스런 감상은 아닐 것이다. 민초들은 물론이거니와 대갓집 잔칫상에 빠지지 않고 등장하는 음식, 빈대떡은 참으로 오래 전부터 우리 민족에게 친숙한 음식으로 자리 잡아 왔다. 빈대떡은 다른 이름으로 녹두전, 녹두지짐으로도 불린다. 만드는 방법은 녹두를 물에 불린 후 껍질을 벗겨내고 맷돌에 곱게 간 후 도라지, 고사리, 파, 김치, 고추, 고기 등을 섞어 팬에 얇게 부쳐낸 전 종류의 음식이다. 고기는 주로 돼지고기 또는 닭고기를 이용하며, 들어가는 재료를 다양하게 사용할 수 있다. 식성에 따라 간장에 겨자, 다진 파와 마늘을 섞은 초장에 찍어 먹는다. 요즈음에야 일반 가정에서도 mixer에서 손쉽게 불린 녹두를 원하는 대로 갈수 있지만……

하긴 mixer를 이용, 그야 말로 즉석에서 갈아 부친 빈대떡이 정성들여 맷돌에서 갈아 만든 것과 맛이 같을 수가 있으랴마는……! 하기야 맷돌에서 녹두를 간다는 것이 그리 녹록한 일은 아니다. 얼마 전 빈대떡을 전문으로 하는 전 집에서 맷돌을 전동 motor에 연결하여 힘든 수고를 더는 모습을 보고 그 창의력(?)에 새삼 놀랐다.

빈대떡이라는 명칭은 병자병(餠子餠)이 세월이 흐르는 동안에 빈자떡이 되고 다시 빈대떡으로 불리게 된 것으로 추정된다. ≪조선상식문답(朝鮮常識問答)≫에서는 빈자떡의 어원이 중국 음의 빙자(餠飣)에서 온 듯하다고 하였다.

이 음식의 유래를 알아보면 본래는 제사상이나 교자상에 기름에 지진 고기를 높이 쌓을 때 밑받침용으로 썼는데 그 뒤 가난한 사람을 위한 먹음직스러운 독립된 요리가 되어 빈자(貧者)떡이 되었다는 설과, 정동(貞洞)에는 빈대가 많다고 하여 빈대골이라 하였는데 이곳에 빈자떡 장수가 많아 빈대떡이 되었다는 설이 있다.

최남선의 ≪조선상식문답(朝鮮常識 問答)≫이라는 책에는

첫 번째로, 제사상에 기름에 지진 생선이나 고기를 쌓는 받침대로 사용되었던 부침개로, 제사를 지낸 후 하인이나 종들이 집어 먹었다는 데에서 유래되었다는 설이 있다. 또 다른 설로 평안도나 황해도의 형편 좋은 집안에서 간식이나 손님 접대용으로 사용된 고급 음식이라는 설이 있다.

조선시대에는 흉년이 들면 당시의 세도가에서 빈대떡을 만들어 남대문 밖에 모인 유랑민들에게 "어느 집의 적선이오" 하면서 던져주었다고 한다. 조선시대 궁중에서 명나라 사신을 접대할 때 내놓은 음식을 기록한 ≪영접도감잡물색의궤(迎接都監雜物色儀軌)≫(1634)를 보면 병자(餠煮)라는 음식이 있는데, 이것은 녹두를 갈아 참기름에 지져 낸 것으로 보이고 이를 녹두병(綠豆餠)이라고 했다고 한다. 이것이 민간에 전해져 ≪음식지미방(飮食知味方)≫(1670)에서는 '빈쟈법'이라고 소개되어 있다.

≪규곤시의방(閨壺是議方)≫에서는 껍질을 벗긴 녹두를 가루로 만들어 되직하게 반죽한다. 번철 위에 기름이 뜨거워지면 조금씩 떠놓는다. 그 위에 껍질을 벗겨 꿀로 반죽한 팥소를 놓는다. 그 위를 다시 녹두반죽으로 덮어 지진다고 하였다. 이는 찬물(饌物 : 반찬) 보다 전병(煎餠)의 일종이었다.
또 ≪규합총서(閨閤叢書)≫(1815)에서는 같은 방법이지만 위에 잣을 박고 대추를 사면에 박아 꽃전모양으로 만든다고 하였다.

현재와 같은 형태의 빈대떡에 관해서는 ≪조선무쌍신식요리

제법(朝鮮無雙新式料理製法)≫(1924)에서 비로소 소개되고 있다.

기존의 기록된 조리법과 확연히 달리 간 녹두에 돼지고기, 쇠고기, 닭고기 등과 여러 가지 야채, 버섯, 달걀 그리고 해삼, 전복, 채로 썬 밤 대추 등을 넣는 것으로 되어있다. 특히, 평안도의 빈대떡은 그곳 명물 음식의 하나로 지금 서울의 빈대떡에 비하여 크기가 3배나 되고 두께도 2배가 된다. 수년 전 작고하신 필자의 은사 김규택 교수께서 1970년대 초반 필자가 조교 시절인 한 여름철에 회갑을 맞이하였다. 당시에 배고픈 조교들이 주머니를 털어서 초라한 수석 한 점을 장만하여 정성을 표시(?)한 후 수연 자리에 참석 하였다.

교수님 장남의 댁에서 모교 재직 교수님들만을 모시고 조촐하게 기념 연을 하셨는데 음식은 갈비구이, 잡채, 빈대떡과 냉면이었다. 빈대떡 음식은 무제한(?)으로 제공되어 배고프던 조교시절 포식 하던 기억이 남아있다. 특히 빈대떡이 어찌나 두껍고 넓던 지 '참 유별나다' 라는(?) 생각을 했었는데 교수님 고향이 평안도 이셨으니, 이 빈대떡이 유명한 평안도식 빈대떡이었음을 당시에는 필자가 몰랐다. 빈대떡은 필자의 집에서도 생일이나 제사상에서 빠지지 않고 한 자리를 차지하고 있다.

필자는 시간이 날 때면 요즈음도 종로 5가 광장시장 전 골목을 둘러보곤 한다. 그중 빈대떡을 구어 파는 아주머니가 특히 눈길을 끈다. 넓디넓은 stainless로 만든 널찍한 불판에

hamburger 만큼이나 두껍고 넓은 빈대떡을 수도 없이 올려 놓고 기름을 둘러서 지글 지글 익혀 내는 솜씨란 가히 구경만 해도 눈요깃거리로 충분하다. 고소한 맛 또한 빼 놓을 수 없고…….

아마도 이런 대회가 있다면 이 아주머니가 일등은 떼어 놓은 당상이리라 하는 생각을 하며 지나가곤 한다. 빈대떡이야 말로 우리 민초들의 진정한 벗(?)이 아닐까하는 생각을 해본다.

생사탕 : 생식하면 기생충으로 낭성 종괴 유발

뱀의 의학적 효능은 고대 중국의 의서인 '신농본초경(神農本草經)'이나 '본초강목(本草綱目)' 등에도 자세히 기록되어 있다. 뱀은 간 기능을 높이고 혈액순환이 잘되도록 해주며 노인의 피부에 생기는 검버섯을 억제하는 효과가 있다고 알려져 있다. 또한 세계보건기구(WHO)를 상징하는 마크도 마실 물이 없어 죽음에 이른 사람을 구해줬다는 전설의 뱀이 지팡이를 감고 있는 모습이 새겨져 있다.

세계적으로 뱀의 종류는 약 2천7백 종이 되며, 한국의 뱀은 독사 3(종칠점사, 까치 살모사, 불독사) 등과 무독성의 뱀 8종을 포함하여, 총 11종으로 크게 나눌 수 있다. 일부 의학자들은 뱀을 넣어 만든 술에 빈혈과 남자들의 양기를 살리는 기능이 있다고 주장하고 있다. 일반적으로 뱀술은 독사를 사용하는데 뱀독은 건선, 알레르기(아토피)와 같은 피부질환, 류머티즘, 퇴행성관절염, 척추질환, 두통 등의 신경성 질환까지 작용 범위가 매우 다양한 것으로 알려져 있다.

수년 전 가을 모 치과대학 동기 교수님들이 부부 동반으로 설악산에 여행을 가셨었다고 한다. 마침 가을이면 설악산에는 도처에 건강에, 특히 남성 정력(?)에 좋다는 생사탕(生蛇湯:뱀탕)전문집이 활기를 띄운다. 몇몇 교수님들이 야간에 살며시 출타하셔서 생사탕을 주문하시고 다음날 저녁에 조용히(?) 생사탕을 즐기셨다고 한다. 이 사실을 아신 다른 교수님의 사모님이 '왜 우리 남편은 안 끼어 주었느냐?'는 시샘어린 항의(?) 때문에, 생사탕을 추가 주문하기 위해 일행이 하루를 더 머물렀다고 한다. 그 모임의 일행 중 한 분에게 이 이야기를 듣고 파안대소하였었다. 물론 그 후 생사탕의 효과(?)를 보셨는지는 불경스러워(?) 감히 여쭈어보지는 못했다.

필자가 광주 조선대치대에 몸담고 있을 시절 당시 치대학장이시던 모 교수님은 약주를 즐기셨는데 그 정도가 지나쳐서 알코올성 간 기능저하로 수차례 입원을 반복하시곤 하였었다. 하루는 필자가 병실에 문병을 갔었는데 어느 여직원이 뱀탕이 특히 간에 좋다고 건강원에 특별히 부탁하여 학장님 드시라고 가지고 왔었다. 당신은 뱀탕을 생각하면 욕지기가 나서 도저히 못 먹겠으니 필자보고 대신 처치(?)하라는 것이었다. 난생 처음으로 처치곤란(?)한 뱀탕을 먹어 보았는데 뱀은 건져 내어 없었고, 뽀얀 국물이 냄새도 없고, 맛은 설렁탕 국물맛과 비슷하였었다.

필자를 대상으로 한 생체 실험(?)에서는 정력에는 전혀 영향을 미치지 못하였었다. 뱀 삶은 물이 뭐 그리 대단한 영약일 리가 있겠는가? 단지 Placebo 효과(?)일 뿐이지…. 정력이나 보신을 위한 것이라면 개발된 수많은 신약과 비뇨기과적 시술 등과 영양식이 얼마든지 있는데 구태의연하게 자연보호에 역행하는 일을 할 필요가 있을까.

독사를 술에 담가 일정한 시간 숙성하여 사주(蛇酒)를 만든다. 특히 북한의 사주는 유명하다. 북한을 여행한 외국인들의 여행기에는 공항면세점에서 예외없이 '능구렁이' 술 등의 사주가 자리하여 놀랐다는 이야기가 있다. 북한의 외국주재 대사관에서 주최하는 연회에서도 거의 빠짐없이 사주가 등장하여 참석한 외교관들이 경악을 금치 못했고 급기야는 1983년 4월 14일 프랑스 전 국회의장인 아쉴르 페레티가 파리 근교 가브리엘관에서 북한대표부가 주관한 행사에 참가했다가 심장마비로 사망하는 사건이 있었다. 당시 그의 사망이 북한에서 생산한 뱀술 때문이라는 설이 나돌아 이후의 연회에는 뱀술을 볼 수 없게 되었다.

오래전 필자가 치과대학 학부시절 4학년 봄에 경희치대 1회 동기들이 경기도 여주의 신륵사에서 하루를 묵으면서 신륵사, 영릉 등을 둘러본 일이 있었다. 신륵사 부근의 여관에서 하루를 자고 다음날 신륵사를 구경하였는데 신륵사 경내 뒷동산을 산책하던 중에 마침 동면에서 깨어난 지 얼마 안 된 독사를 발견하고 모두 기겁을 하였다. 우리 일행이 너나없이 질겁하여 주춤하였는데 동기 중 최상돈 선생(예비역 육군 중령, 지금 LA에서 개업)이 달려와서 순식간에 독사의 머리를 움켜잡았다. 그 독사는 꼬리로 최선생의 손을 칭칭 감다가 독사의 목을 조인 손을 놓지 않으니 축 늘어졌다. 옆에서 이를 본, 이제는 고인이 된 전병찬 선생이 최선생을 끌고 신륵사 바로 앞의 구멍가게까지 가서 급히 유리 됫병을 하나 비워 버둥거리는 독사를 머리부터 병속으로 집어넣고 소주를 부으니 그야말로 즉석 '사주(蛇酒)'가 한 병 생겼다. 그 후 한동안 우리 동기들은 최상돈 선생과 악수를 기피(?)하는 경향이 생겨났다.

광주 조선치대에 몸담고 있을 시절 사주를 먹어서 이가 망가졌다는 환자들을 심심치 않게 만났었다. 처음에는 무심하게 지냈으나 여기에 특별한 이유가 있는지 알아보기로 하였다. 만일 사주를 먹고 이가 나빠졌으면 사주의 일정 성분이 치주 원인균들을 활성화시키는 역할을 하였을까? 또는 치아우식 원인균들을 활성화시켰을까? 그러나 뱀의 독은 용혈성독, 신경독으로 나뉘는데 독사에 따른 독을 따로 분리하여 이들 독이 치주 원인균, 치아우식 원인균에 영향을 주는지를 검정하여야 하였다. 구강병리 실험실이 갑자기 '땅군의 소굴' 변해야 하는 기로(?)에서 노고 끝에 얻은 애꿎은 사주 몇 병으로 외도(?)를 끝낼 수밖에 없었다.

뱀에는 고충(孤蟲, sparganum)이라는 기생충이 있어서 뱀을 생식하거나, 제대로 익지 않은 생사탕을 먹을 경우 우리 몸의 전 장기에 기생충의 유충이 침입하여 낭성 종괴가 생길 수 있고, 이런 병소를 구강 내에서도 가끔씩 볼 수 있다. 고충은 사주를 만드는 알코올 농도 정도에서도 오랜 기간 생존하는 것으로 알려져 있다. Antivenom의 생산을 위해서 우리나라에서도 상당량의 cobra가 수입되는데 헛된 건강정보로 cobra를 생식 한 사람 중에서 구강점막이나 위장관에 궤양이 있는 경우 독사의 독성분이 이들 병소에 작용하여 독사에 물린 것과 같은 전신적인 증상이 나타나서 생사를 넘나든 예가 보고되고 있으니 정력을 증강(?)하려다가 염라대왕에게 직행(?)할 수도 있다.

설렁탕 : 소고기와 뼈 국물로 뽀얗고 진해

설렁탕은 뼈와 함께 쇠고기 살코기와 머리고기, 내장, 도가니, 족 등을 오랫동안 센 불에 끓인 후 둥둥 뜬 기름을 걷어내 좀 더 담백한 맛을 내게 해서 뽀얀 우윳빛을 띄운 국물에 밥을 말아 먹는 대표적 음식이다. 설렁탕의 표기는 '셜렁탕' '셜넝탕' '설넝탕' '설녕탕' '설농탕(雪濃湯)' '설농탕(設農湯)' 등 1950년대까지 통일되지 않고 사용되었다. 우리의 음식은 탕과 밀접한 관계가 있다. 최소한 국물이 있는 찌개나 국은 한국인의 밥상에 둘 중 한 가지는 결코 빠지는 일이 없다. 서양의 soup가 식욕에 도움을 주는 음식으로 선택적인데 반해서 한국의 국물음식(국, 찌개, 탕)은 식탁에 꼭 자리 해야 할 주식의 개념이다.

문헌에 설렁탕이 등장한 것은 역사가 그리 깊지 않다. 조자호(趙慈鎬)의 〈조선요리법(1939년)〉 방신영(方信榮)의 〈조선요리(1940년)〉에 설렁탕은 보이지 않으나 손정규(孫貞圭)의 〈조선요리(1940년)〉에 곰국, 육개장, 설렁탕이 등장한다. 따라서 설렁탕이 일반 대중들이 쉽게 접하게 된 것은 그리 오래된 세월은 아니라고 할 수 있다.

사실 설렁탕과 곰탕은 그 경계가 불명하여 구별하기가 모호하다. 문헌상 설렁탕을 처음 언급한 손정규는 곰탕과 설렁탕을 이렇게 구별하고 있다. "곰국(湯汁)은 사태, 쇠고리, 허파, 양, 곱창을 덩어리째로 삶아 반숙(半熟)되었을 때 무, 파를 넣고 간장을 조금 넣어 다시 삶는다. 무르도록 익으면 고기나 무를 꺼내어 잘게 썰어 숙즙(熟汁)에 넣고 호초(胡椒)와 파를 넣는다"고 하였으며, "설렁탕은 우육(牛肉)의 잡육(雜肉), 내장(內臟) 등 소의 모든 부분의 잔부(殘部)를 뼈가 붙어 있는 그대로 하루쯤 곤다. 경성지방(京城地方)의 일품요리로서 값싸고 자양(滋養)이 있는 것"이라고 하였다. 위 내용으로 볼 때 설렁탕은 곰국에 비해 뼈가 많이 들어가 있어 장시간에 걸쳐 고음하므로 골수(骨髓)가 녹아 국물이 뽀얗고 진한 것을 말한다.

이규태 선생은 설렁탕의 유래에 대한 두 가지 속설의 예를 들었는데, 한 가지는 "우리말에 영향을 끼친 몽고어에 고깃국을 '슐루'라 하니 고려시대 이 몽고어가 들어와 '슐루탕'이 설렁탕으로 음운변화 되었을 것"이라는 것이다. 두 번째 설이 보다 유력한 것으로, 서울 동대문 밖 선농단(先農壇)과의 연관설이다. "신라시대 이래 농사의 삼신(三神 :先農, 中農, 後農)을 모셔 왔는데, 조선왕조에 들어 선농(先農)만을 제기동에 모셨다 한다. 매년 2월말 상신일(上辛日)에 선농단에 제사를 지내는데, 선농신에게 바친 신성한 희생물인 소를 잡아 국을 끓였다고 한다.

선농제에 참여한 임금님을 비롯한 모든 참석자가 희생물인 소를 잡아 탕을 끓여 선농단에 제사를 지내고 상하, 관민, 귀천 없이 모두 골고루 나누어 먹던 쇠고기곰국을 선농탕(先農湯)이라 했고, 그것이 변해 설렁탕이 되었다"고 한다. 역대 실록이나 일성록에도 선농제에 임금이 친람했다는 구절은 수없이 등장하고 있다. 그러나 임금과 신하 및 백성들 모두의 참석자가 희생물을 국을 끓여서 사이좋게 나누어 먹었다는 구절은 어느 곳에서도 찾을 수 없었다.

최근 한 식품회사에서 설렁탕 제품을 내면서 돌린 자료에 이런 내용을 담았고, 많은 언론이 그대로 옮기고 있다. 이러한 설이 거의 정설로 되어서 이제는 토를 달만한 주장을 제기할 수 없는 지경에 도달하였다. 설렁탕의 선농단 유래설은 한때는 그냥 '설'일 뿐이었다. 한국 음식문화 연구에 탁월한 업적을 남긴 고(故) 이성우 교수는 1982년 ≪한국식품문화사≫라는 책에서 이 '선농단 설'을 근거 없는 "억지"라고 언급한 바 있다.

영조(1724~1776) 시대의 몽골어 사전인 ≪몽어유해(蒙語類解)≫에 따르면, 몽골에서는 맹물에 고기를 넣어 끓인 것을 '空湯(공탕)'이라 적고 '슈루'라 읽는다. 맹물에 소를 넣고 끓인다면 곰탕이나 설렁탕의 부류이다. 따라서 곰탕은 '空湯'에서, 설렁탕은 '슈루'에서 온 말이라고 하는 것이 타당하지 않을까 한다. 오늘날의 곰탕과 설렁탕은 동류이종일 따름이다. 설렁탕을 선농단에 결부하는 속설은 아무리 생각해도 후세의 억지설인 듯하다.

몽골의 슈루는 한국의 설렁탕과 다를 것이다. 오랜 세월이 흘러 자기 민족의 입맛에 맞게 변화했을 것이기 때문이다. 우리 설렁탕은 근래에 급격히 변하고 있다. 20년 전 설렁탕은 쇠고기의 온갖 부위를 다 넣고 끓였다. 그러니 누린내가 심했고 누린내는 내장, 쇠머리에서 특히 많이 난다. 1990년대에 들면서 이 부위를 뺀 설렁탕이 만들어지기 시작했고, 최근에는 사태에다 잡고기를 적당히 섞어 끓이는 방법도 등장했다. 쇠뼈도 사골만 쓰는 집이 생겨 설렁탕 맛이 점점 고급스럽게 변해가는 것이다.

서울에서도 역사가 오랜 설렁탕집들이 있다고 사람들 입에 오르내리고 있지만 필자는 오래 전 서울서부역 앞의 복순집과 청진동의 한밭식당의 설렁탕에 관한 아련한 기억을 가지고 있다. 우선 복순집은 설렁탕 전문 집으로 3층 건물 전체가 손님들로 북적거려서 언제 가도 자리를 잡기가 어려울 정도였고 자리에 앉자마자 설렁탕이 뒤따른다. 손님이 워낙 많아 큰 가마솥에 끓인 설렁탕이 다 팔리면 후에 오는 손님들이 그냥 헛걸음할 정도로 인기가 많았다.

청진동의 한밭식당은 대전 본점의 서울 지점으로 설렁탕의 맛은 그 명성이 자자했었다. 특히 한밭 식당의 깍두기의 맛은 정작 전문인 설렁탕보다 맛이 일품이라고 입소문이 나서 대전 본점의 주인 마나님이 깍두기를 담그려고 사흘 도리로 서울 나들이를 다닌다고 알려졌었다. 서부역 앞의 복순집과 청진동의 한밭식당은 후에 개발의 붐을 타고 없어졌고 대전의 한밭식당은 자리를 옮겨서 지금도 명성을 잇고 있다. 요즈음도 가끔씩 대전에 가는 길에 한밭식당을 찾곤 하는데 이제는 제공되는 음식의 종류도 다양하고 필자의 입맛이 고급이 되어서인지 모르지만 설렁탕만 전문으로 하던 예전에 비해 맛 또한 예전 같지 않다는 생각이 든다.

해(海)권에 나오는 음식탐구

1. 가리비 : 한꺼번에 1 억 개 넘는 알 낳아
2. 가물치 : 철분 풍부해 빈혈 예방 효과적
3. 가자미식해 : 젓갈과 비슷 씹을수록 깊은 맛
4. 갈치 : 약간 단맛에 구수하게 끓이는 갈칫국
5. 갑오징어 : 지방 함량 낮고 타우린 성분 풍부
6. 개불 : 달짝지근하고 쫄깃한 맛 숙취 해소
7. 고등어 : 침 마취로 도심 횟집까지 공급 기술
8. 고래고기 : 단맛나고 부드러우며 연한 느낌
9. 과메기 : 고소하고 비릿한 기름기 느낌 와
10. 굴 : 날로 먹을 때 영양 뛰어나고 맛 향긋
11. 김 : 아미노산 비타민 요오드 듬뿍 든 식재
12. 꼬막 : 익혀도 입 꽉 다무는 피조개가 특징
13. 꽁치 : DHA 와 EPA 성분 콜레스테롤 감소
14. 꽃게 : 봄가을에 맛좋고 글루탐산 함량 풍부
15. 낙지 : 자양 강장 성분 풍부하게 함유
16. 넙치 : 양식된 게 식감 부드럽고 맛 고소해
17. 농어 : 표면의 까칠함과 진득한 식감이 특징
18. 대구 : 뽈 굳은 살 쫄깃한 사랑의 맛 듬뿍
19. 도다리 : 단백질 다량 함유한 흰색 생선
20. 도루묵 : 진짜 맛은 큼직한 알을 먹어야 실감
21. 도미 : 얼음 녹을 무렵에 흰살 생선 맛 최고
22. 도치 : 묵은 김치 들기름 넣어 오독오독 씹는 맛
23. 돔배기 : 생선과 고기 중간 맛 짭짤하고 독특
24. 따개비밥 : 육질에 든 타우린 콜레스테롤 낮춰
25. 매생이 : 강 알칼리성 식품 소화 흡수 잘돼
26. 멍게 : 상큼하고 쌉싸래한 맛 불포화 알코올 향
27. 멸치 : 고소하고 씹을 것 없이 넘어가는 단맛
28. 명태 : 이름 여러 개 가진 물고기 드물어
29. 몸국 : 배지근하다 의미 설명해주는 전통음식
30. 미역 : 입맛 잃은 여름철 새콤달콤 시원한 맛
31. 민어 : 복더위에 민간에서 가장 선호한 어류
32. 바지락 : 면역력 높이는 아미노산 풍부해 웰빙
33. 백합조개 : 예쁘고 잘 맞물려 부부화합 상징
34. 밴댕이 : 초여름 산란기 앞두고 영양분 비축

가리비 : 한꺼번에 1억 개 넘는 알 낳아

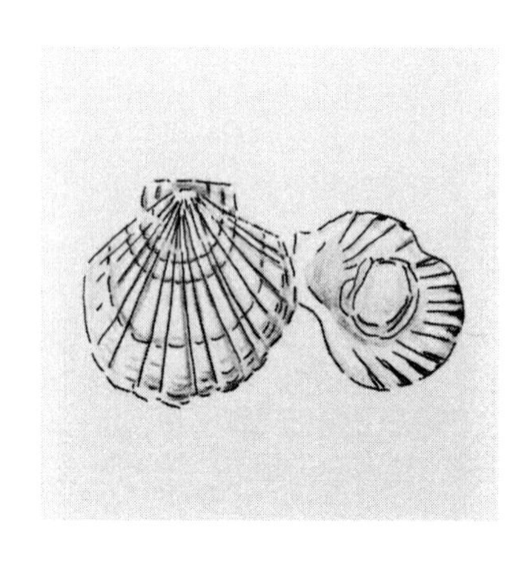

가리비는 가리비과(Pectinidae)에 속하는 해산 패류로서, 특히 가리비속(Pecten)에 속하는 종들을 말하며, 학명은 Pectinidae Wilkes, 1810이다. 가리비과에는 약 50속, 400여 종 이상을 포함하고 있으며 연안으로부터 매우 깊은 수심에까지 서식하며, 전 세계에 분포한다. 우리나라에서는 큰가리비(참가리비), 국자가리비, 비단가리비, 해가리비, 일월가리비 등 12종의 가리비가 발견되고 있다. 가리비는 두 장의 패각(valve)이 부채 모양을 하고 있으며, 패각의 길이는

2.5~15cm 정도 된다. 패각의 표면은 밋밋하거나, 곡선 모양, 비늘 모양, 혹 모양을 하고 있으며 골이 부채꼴 형태로 나 있다. 색깔은 붉은색, 자색, 오렌지색, 노란색, 흰색 등으로 다양하고, 하판(lower valve)은 보통 상판(upper valve)보다 밝은 색이며, 패각의 무늬가 더 적다.

가리비는 비교적 낮은 수온에서 서식하는 한해성 이매패로서, 수온 5~23℃에서 서식하며, 산란기는 3~6월이다. 수심 20~40m의 모래나 자갈이 많은 곳에 주로 서식하며, 성장하면서 수심이 얕은 난류해역에서 먼 바다의 깊은 곳으로 이동한다. 보통 이매패류에 속하는 조개들이 거의 움직이지 않는 반면 이 가리비는 성장하면서 점차 얕은 난류해역에서 먼 바다 쪽으로 이동하는데, 껍데기를 마치 캐스터네츠를 연주하듯 서로 맞부딪히면서 물을 분사하며 이동하며, 불가사리 등의 천적을 만났을 때도 같은 방법으로 재빠르게 도망친다.

또한 가리비는 연체동물 중에서 의외로 '눈'이 달려있는 생물로 오래전부터 알려져 있으며 최근에는 저온전자현미경이란 첨단 장비를 이용해 가리비 눈의 미세구조를 분석해 작동원리를 찾아냈다고 과학저널 '사이언스'에 보고 되었다. 가리비의 외투막 가장자리에 여러 개의 점들이 사실은 눈으로 엄연히 눈의 구조를 가지고 있는 시각기관이다. 물론 무척 원시적인 형태라서 고작해야 명암을 분간하고 천적을 피할 정도이지만 반사망원경 같은 원리로 작동한다고 한다.
가리비 조개는 중세시대의 성지 산티아고 데 콤포스텔라(Santiago de Compostela) 대성당을 순례하는 순례자들의 상징표식이기도 한데, 금빛 가리비가 대 야고보의 상징이다. 가리비는 한번에 1억 개가 넘는 알을 낳아 조개류 중에서 최고다. 따라서 동서양을 막론하고 탄생의 상징적인 의미를 가지고 있다. 초기 르네상스 시대의 대표작이라 할 수 있는 보티첼리(Sandro Botticelli)의 작품 〈비너스의 탄생〉은 미의 여신 비너스가 가리비를 타고 육지에 도착하는 장면을 보여준다. 또한 우리나라에서는 딸을 시집보낼 때 새 생명의 탄생을 기원하는 의미에서 가리비 껍데기를 싸 보내는 풍습이 있다.

가리비는 1979년부터 기업적인 종묘생산을 바탕으로 본격적인 양식이 시작되어 2000년 2,371톤이 수확되어 최대량을 기록했지만 이후 생산량의 감소로 늘어나는 수요를 맞출 수 없게 되자 많은 양을 수입에 의존하고 있다. 우리나라 가리비 양식의 최적지는 동해안으로 주로 차가운 물을 좋아하는 큰 가리비가 대상이었지만, 최근 들어 남해안 굴 양식장에서도 해만가리비, 비단가리비가 성공적으로 양식되어 어민 소득에 크게 기여하고 있다. 이는 가리비가 굴과 함께 양식할 수 있는데다 적조에도 강하기 때문이다.

어린 가리비를 바구니에 넣어 바다에 매달아 양식하며, 양식 가리비도 플랑크톤과 규조류 등의 미세한 부유생물과 유기물질을 먹이로 하므로 자연산의 맛을 낸다. 시장에 유통되는 가리비는 대부분 양식한 것으로 4~5개월 된 것이 가장 맛이 좋으며, 이 시기의 가리비는 회로 먹기도 한다. 가리비는 오래 전부터 식재료로 이용되었으며 필수 아미노산, 칼슘과 인이 풍부하게 함유되어 있어 성장기의 어린이들에게 좋다고 알려져 있다. 가리비는 구이나 탕으로 자주 먹으며, 신선한 것은 회로 먹어도 달콤하고 맛있으며 국물을 내면 담백하고 시원한 맛을 내기 때문에 주로 칼국수 등 국물 요리로 많이 먹고, 구워서도 많이 먹고 젓갈 등으로도 먹는다.

그 외에도 건조, 냉동, 훈제시키거나 삶은 후 가공품으로도 유통되며, 구이, 찜, 탕, 죽 등으로 조리한다. 특히 큰 가리비의 조개관자는 옛날부터 고급 요리의 재료로 이용되어 왔다. 또한 껍질을 갈아서 석회로 이용하기도 하며 진주 양식에도 종종 쓰이는 그야말로 숨은 보물이다.

가물치 : 철분 풍부해 빈혈 예방에 효과적

가물치는 한국, 중국, 러시아 등에 서식하고 있던 농어목 가물치과의 토종 민물고기로, 학명은 Channa argus CANTOR.이다. 이름은 밝고 짙게 검다는 뜻의 '감다'에 비늘 없는 물고기를 의미하는 '치'가 붙어서 생긴 명칭이다. 영어권에서는 Snakehead, 즉 뱀의 머리를 지닌 물고기로 지칭하는데 머리모양이 꼭 비단구렁이류나 보아 뱀을 연상시키기 때문이다. 몸은 길고 가는 편이고, 길이가 80㎝ 정도까지의 것도 있다. 몸의 앞부분은 등배 쪽으로 납작[縱扁]하고 꼬리 부분은 옆으로 납작[側扁]하다. 입이 크고 이빨이 날카로우며 지느러미에는 가시가 없다.

몸빛은 검은빛을 띤 창갈색(蒼褐色)으로 등 쪽은 짙고 배 쪽은 회백색이거나 황색이다. 옆줄의 위와 아래에 각각 13개 정도의 흑갈색의 불규칙한 큰 얼룩무늬가 있는 것이 특징이다. 머리의 양쪽에는 두 줄의 검은빛 세로띠가 있다. 우리나라 전 지역의 담수계(淡水界)에 서식하며, 아시아 동남부지방에 서식한다. 일본에도 서식하는데, 그것은 우리나라와 타이완에서 이식된 것이다. 연못과 같이 바닥이 수렁으로 이루어져 있고 탁한 물이 고여 있는 곳에 많이 산다.

가물치는 수온변화에 내성이 강하고 오염된 물이나 거의 무산소상태의 물에서도 살 수 있고, 수온이 높을 때는 아가미호흡보다 공기호흡을 많이 한다. 겨울에는 깊은 곳으로 이동하여 동면을 하며, 우기에는 습지에서 뱀처럼 기는 수도 있다. 산란기는 5월 하순에서 7월 하순 사이이다. 최근 생태계를 위협하는 외래종인 '큰입배스'와 '블루길'에 대해서 사회적 관심이 높아지고 있다. 이 두 종의 물고기는 왕성한 식욕으로 국내 생태계 최상위 층에 자리 잡으며 생태계를 파괴해서 작은 곤충부터 작은 물고기, 치어, 알까지 모두 먹어치워 하천과 강, 저수지에 서식하던 토종 물고기 붕어, 잉어 등이 두 외래종에 밀려 서식지를 잃기 시작한 것이다.

그러나 최근 큰입배스와 블루길을 퇴치할 수 있는 획기적인 대안이 떠올랐다. 바로 토종물고기인 가물치와 쏘가리다. 강원대 어류연구센터의 연구로 강원 철원군의 저수지에 가물치와 쏘가리를 방생한 결과 생태계를 파괴하는 큰입배스와 블루길 등 외래어종의 수가 절반 이상 사라졌다고 전했다. 민물 육식어종의 최상위를 차지하고 있는 가물치와 쏘가리가 이들 어종을 포식함으로써 한시름 덜게 되었다.

가물치에 대한 기록으로는 다양하게 남아 있어 이미 조선 초기에 편찬된 ≪훈몽자회 訓蒙字會≫에는 '례(鱧)' 자를 '가모티례' 라고 하였고, 례(鱧)라고 쓰기도 하고, 속칭 오어(烏魚)·화두어(火頭魚)라고도 부른다고 하였고 1433년(세종 15)에 완성된 ≪향약집성방 鄕藥集成方≫에는 여어(蠡魚)라 하고 그 향명(鄕名)을 가모치(加母致)라고 하였다. ≪재물보 才物譜≫에는 '예어(鱧魚)' 를 한글로 '가물치' 라 쓰고, 모양이 길고 몸이 둥글고 비늘이 잘고 검은색인데 그 형상이 얄밉다고 하였으며, ≪난호어목지 蘭湖漁牧志≫에도 '례' 를 '가물치' 라 하고, 이를 설명하여 양볼 뒤에는 모두 7개의 반점을 지니고 있다고 하였다.

이외에도 ≪규합총서 閨閤叢書≫, ≪오주연문장전산고 五洲衍文長箋散稿≫에도 가물치는 부인의 산후의 백병을 치료한다고 하였고 ≪동의보감≫에는 가물치고기가 부종(浮腫)·수종(水腫) 및 오치(五痔)를 다스린다고 되어 있다. 이와 같이 가물치는 예부터 영양식품, 또는 약으로 애용되었는데, 오늘날에도 주로 약용으로 사용하고 있다.

가물치의 가장 대표적인 효능은 바로 원기 회복이다. 부종이 고민인 사람에게도 가물치가 도움이 될 수 있다. 또한 가물치의 활발한 이뇨작용은 신장 건강에도 도움을 준다. 철분이 함유된 음식은 많지만 그중에서도 가물치는 철분이 풍부하게 함유되어 있어 빈혈 예방에 효과가 좋은 것으로 알려져 있으며 예부터 아이를 갓 출산한 산모들이 잉어나 가물치를 고아 먹는 데 가물치에는 단백질을 포함한 다양한 영양소가 풍부하게 함유되어 있어 산후 몸 회복에 좋다. 가물치에는 단백질, 비타민, 칼슘 등 두뇌 발달에 좋은 영양소가 풍부하게 함유되어 있어 다양한 요리법으로 꾸준히, 자주 먹으면 두뇌 발달에 좋은 효과를 볼 수 있다.

오래전 필자의 큰 누님이 결혼 하셔서 첫 아들을 출산 하셨었다. 지금도 그러하지만 우리나라는 남아 선호 사상이 우월하며, 더구나 50년 전이면 그 당시는 얼마나 그 사상이 심했을까? 더구나 누님의 큰 동서는 거푸 딸만 낳아 대를 이을 것을 걱정하는 집안에서 떡하니 바로 첫 아들, 첫 손주를 낳았으니 가히 그 집안에서 기쁨이 어찌 했으며 첫째 며느리를 능가(?)하는 필자의 누님의 위상을 가히 상상할만 하리라!

당시 필자는 쥐꼬리만한 수당을 받는 조교 신세 였지만 제법 거금을 들여 우람한(?) 가물치 한 마리를 진상(?)한 그 후유증인지는 몰라도 누님은 그 후에도 또 다른 아들을 낳아서 맏동서를 제치고(?) 그 위세를 공고히 한 것은 감히 알량한 조교의 호주머니에서 나온 가물치 덕이 아니었을까? 하고 스스로 위로해 본다. 그런데 사실 가물치는 출산된 산모와 신생아에 영향을 미치는 것이지 수정에는 영향을 미치는 것은 아닌 것이 아닌가!

가물치 요리로는 가물치 매운탕, 가물치회, 가물치찜, 가물치 구이, 가물치 곰탕 등이 있으며 맛은 메기와 유사하며 기름진 편이다.

가자미식해 : 젓갈과 비슷 씹을수록 깊은 맛

식혜(食醯)와 식해(食醢)는 발음이나 만드는 과정이 일부는 비슷하다. 그래서인지 두 가지 음식을 놓고 혼용되는 경우가 적지 않으나 식혜와 식해는 분명히 다른 음식이다. 혜(醯)는 엿기름 걸러낸 물에 쌀밥을 삭혀 발효시킨 단술(甘酒)이고 맛이 달다. 대부분 차갑게 식혀서 음료로 즐기고 따끈하게 데워 감기를 다스리는 데 사용되기도 하며 오래전부터 가정의 대소사 행사에 빠지지 않는다. 요즈음은 상업적으로 통조림화해서 널리 알려져 있다.

해(醢)는 젓갈 해자가 들어있다. 글자 그대로 젓갈과 밥의 합작이다. 소금과 조밥으로 삭힌 생선을 고추와 마늘, 생강, 무 등 양념과 함께 비벼 일정기간 삭힌다. 숙성을 보다 빨리시키고 아작아작 씹히는 식감을 높이기 위해 엿기름과 무를 넣기도 한다. 김치처럼 항아리에 담아 새콤하게 익힐수록 맛이 더 나고, 무와 젓갈이 어우러져 숙성되기 때문에 김치의 일종으로 분류하는 이들도 있다. 하지만, 본고장사람들은 김치는 김치고 식해는 식해라고 분명히 말한다.

대표적인 식해로는 함경도 가자미식해와 도루묵식해, 명태식해를 꼽고 황해도 연안지방의 조갯살로 담근 연안식해와 부산 기장 지방의 갈치 식해가 전해진다. 특히 가자미식해는 함경도지방 고유의 향토음식이고, 지금은 한국전쟁 당시 남하한 함경도 사람들에 의해 속초시 청호동 아바이촌이 본고장 식해 맛을 제대로 맛볼 수 있는 대표적인 곳으로 알려져 있다. 함경도지방에서는 제사를 지낼 때도 좌포(左脯) 우해(右醢)라고 해, 가자미식해를 제삿상에도 올렸다고 한다. 그리고 어느 가정이든 제철에 김장처럼 가자미식해를 담가놓고 상차림에 빠트리지 않는다고 한다.

가자미식해는 '접어해(鰈魚醢)' 라고도 한다. 옛 문헌에는 가자미를 비목어, 가어, 첩어, 회저어라고도 불렀는데, 옛날부터 가자미가 많이 잡히는 고장은 '첩역' 이라고 불렀다. 가자미식해는 동해안 맑은 물의 노랑가자미와 북관지역의 좁쌀을 잘 이용한 저장식품으로서, 가자미가 많이 나는 함경도나 강원도의 동해안 지역에서 즐겨 먹던 음식이다. 함경도의 가자미식해는 가자미와 조밥·소금·고춧가루 이외에 엿기름을 섞어 담그는 점이 특징이다. 엿기름으로 인해 조밥의 녹말이 당화되어 특미가 생긴다. 가자미로 만든 식해와 젓도 유명하였다.

식해에 관한 기록으로는 중국의 진(晉)나라 때 장화(張華)가 쓴 ≪박물지(博物志)≫에 도미로 식해 만드는 방법이 전해진다. 그 외에도 6세기 말에 북위(北魏)의 가사협(賈思勰)이 저술한 ≪제민요술(齊民料術)≫에 '자(鮓)'가 나오는데 이것이 식해이다. 일본의 유명한 음식인 스시(鮨)의 원형이 식해와 아주 비슷한 나레즈시(なれずし)이다.

가자미식해에 관한 우리나라 기록으로는 조선시대 1600년대 말엽에 편찬된 것으로 추정되는 작자 미상의 한글 요리책인 ≪주방문(酒方文)≫에 총 95종류의 당시 조선인들이 먹던 음식들의 소개와 재료, 조리방법이 수록되어 있다. 이 책에 식해와 식혜(감주)에 대한 조리법이 수록되어 있어 이미 이 시대에 우리 조상들이 식해와 식혜를 즐겼음을 알 수 있다. 가자미식해의 맛은 잘 숙성될수록 가자미 살을 찢어서 씹을 때 알싸하면서도 매큼하고 고소하며 약간 새콤한 것이 신 김치를 먹을 때 나는 맛과도 약간 유사하지만 생선에서 날 수 있는 비린 맛은 적고 젓갈과 유사하며 씹으면 씹을수록 깊은 맛을 더하게 하는 오묘한 맛을 낸다. 가히 밥반찬이나 술안주로는 일품으로 꼽힌다.

식혜는 대한민국의 전통음료 중 하나로 오늘날에는 '단술',

'감주(甘酒)' 가 같은 의미로 쓰이나 과거에는 지역마다 달라서 다른 음식인 곳도 있었고 같은 음식인 곳도 있었다. 엿기름과 밥을 같이 삭힌 다음 건더기를 짜내 졸여내면 조청이 된다.

식혜에 관한 기록으로는 우리나라 문헌에서는 1740년 영조 때 이표(李杓)가 지은 ≪수문사설(謏聞事說)≫에 처음 나타나 있다. 식혜의 맛은 엿기름가루에 달려 있는데, 1800년대 말엽의 ≪시의전서(是議全書)≫와 1934년 간행된 방신영(方信榮)의 ≪조선요리제법(朝鮮料理製法)≫에는 엿기름 기르는 법과 크기에 대한 자세한 설명이 전해지고 있다. 또한 1869년 빙허각 이씨 의 ≪간본 규합총서(刊本閨閤叢書)≫에도 식혜 만드는 방법이 지세히 소개되어 있다.

식혜를 만드는데 엿기름가루가 중요한 것은 그 속에 당화효소인 아밀라아제(Amylase)가 많이 있어서 당화작용이 일어나고 생성된 말토오즈(Maltose)는 식혜의 독특한 맛에 기여한다. 원리는 밥이나 찹쌀에 있는 탄수화물이 엿기름에 있는 아밀라아제에 반응하여 당화되는 것을 이용하는 것으로 밥을 씹을 때 단맛이 나는 것과 같은 이치이다. 엿기름에 포함된 아밀라아제는 베타 아밀라아제로 식혜를 만들 때는 이 효소의 활성도가 최대한 높아지도록 온도를 섭씨 62도 정도로 유지해주는 것이 제일 좋다.

안동 지방에서 식혜라 하면, 찹쌀 또는 멥쌀을 고들하게 쪄서 엿기름물에 담고, 생강즙을 짜 넣고 고춧가루로 물을 내

삭힌 독특한 음료로 특별한 고명을 첨가하는 경우가 많다. 안동에서는 붉은 색을 띠는 이런 형태의 음료를 식혜라고 하고, 그렇지 않은 것들을 감주라고 부른다.

갈치 : 약간 단맛에 구수하게 끓이는 갈칫국

2004년 한국 Gallup에서 한국인이 좋아하는 생선에 관한 여론 조사를 한 결과 구이, 찌개, 회, 조림, 튀김 등 다양하게 조리되는 은백색의 생선 '갈치'(23.1%)가 2위로 전 국민의 사랑을 받고 있는 것으로 조사되었다. 갈치는 고등어목 갈치과에 속하는 생선으로 학명이 Trichiurus lepturus Linnaeus, 1758로서 칼치·도어(刀魚)라고도 하며 영어로는 cutlassfish 또는 hair tail로 알려져 있다. 갈치란 이름은 형태가 칼과 같이 생긴 데에서 유래된 것으로 어류학자 정문기(鄭文基)는 신라시대에는 '칼'을 '갈'이라고 불렀으므로 옛 신라(경상도)지역에서는 지금도 갈치라 부르고 그 밖의 지역에서는 칼치라고 부른다고 하였다.

고 문헌의 기록으로는 1690년 숙종 때 간행된 ≪역어유해(譯語類解)≫에서는 군대어(裙帶魚)라 하고 한글로 '갈티'라고 하였다. 1814 정약전(丁若銓)의 ≪자산어보玆山魚譜≫에도 군대어라 하고 속명을 갈치어(葛峙魚) 또는 칼치 도어(刀魚)라 하였다. 1820년 서유구(徐有榘)가 지은 ≪난호어목지(蘭湖漁牧志)≫와 ≪임원십육지(林園十六志)≫에서는 갈치의 모양이 가늘고 길어 칡의 넝쿨과 같으므로 갈치(葛侈)라 하였다.

오래전 1984년 광주 조선치대에 근무하던 시절 미국 Loma Linda 치대 치과보존과에서 정년퇴임한 Dr. Lusby가 한 학기 보존학과 실습을 강의한 일이 있었다. 당시 필자는 교무과장으로 이분을 가까이서 보살필 수밖에 없었는데, 매 학생 실습조가 끝나면 학생들이 Dr. Lusby 부부를 초청하여 한국식당에서 식사를 같이 하곤 하였다. 하루는 마침 갈치를 상자째 사오는 것을 보고 '그것이 무엇이냐'고 물으니 학생이 엉겁결에 "knife fish"라고 대답하여 웃었는데, 사실 cutlass가 칼을 의미하는 단어이니 뜻은 전달되었으리라!

갈치는 칼처럼 긴 몸을 가지고 있다는 이유로 도어(刀魚) 또는 칼치라고도 불린다. 몸길이 1m 정도로 몸은 가늘고 길며 납작하다. 꼬리의 끝부분이 길어서 끈과 같은 모양이며, 눈

사이 간격은 평평하다. 입은 크며 아랫부분이 돌출해 있고, 양턱 앞부분의 이빨 끝은 갈고리 모양이다. 배지느러미·꼬리지느러미·허리뼈는 없으며, 등지느러미는 길어서 등표면을 모두 덮고 있다. 뒷지느러미는 작은 돌기 모양이다. 비늘이 없으며 옆선은 가슴지느러미 위쪽으로 기울어져 있고, 몸 빛깔은 은백색이다.

대륙붕의 모래진흙 바닥에 서식하며, 주로 밤에 활동하고 산란기는 봄이다. 갈치는 급한 경우를 제외하고는 머리를 세운 상태로 헤엄치며 가끔 머리를 아래위로 움직여 'W' 자 모양을 그린다. 산란기는 8~9월경이며 육식성으로 플랑크톤 및 정어리·전어·오징어 등을 먹는다. 뱀장어처럼 길쭉하게 생겼지만 물구나무를 선듯한 상태에서 지느러미를 움직여 헤엄치는 묘한 습성을 가졌다.

은빛의 pearl이 특징인 물고기로, 이 pearl은 화장품 재료로도 쓰인다. 이 은분의 성분은 guanine라는 핵산의 하나로 DNA 형성에 관여하는 중요한 물질이다. 이 물질은 색소로 진주에 광택을 내는 원료로 립스틱, 네일 에나멜 등의 pearl로 쓰이기도 하고 인조 진주 겉면에 코팅을 하기도 한다. 금속 분말을 쓰기도 하나 갈치 은분은 자연 재료라 몸에 해가 없다.

갈치를 손질할 때 표면에 있는 은색가루는 반드시 잘 긁어내야 하는데 이 은색가루를 섭취할 경우 복통과 두드러기 같은 과민 반응이 일어날 수도 있으니 주의해야한다. 사실 요즈음은 갈치가 고급어종으로 먹음직한 크기를 가진 것은 상당한 부담을 느낄 정도이나 80년도에만 해도 값이 싼 생선이어서 그리 부담을 느끼지 않았다. 그러나 환경 파괴가 일어나 기후가 많이 바뀐 지금은 그 흔하던 갈치가 귀족의 입맛을 맞추는 귀족 생선으로 처지가 바뀌어 서민이 쉽게 범접할 수 없는 지경에 이르렀다.

갈치 종류로는 목포 먹갈치와 제주 은갈치가 유명하다. 먹갈치는 기름이 많아 맛이 더 진하고 살은 약간 졸깃하다. 은갈치는 살이 담백하고 파슬파슬하다. 그러나 먹갈치와 은갈치는 서로 다른 종이라기보다는 어획방식의 차이 때문에 붙은 이름이다.

제주 은갈치는 낚시로 잡기 때문에 갈치의 은색pearl이 별로 손상되지 않는 반면 먹갈치는 그물을 이용해 잡기 때문에 손상이 심한 편이다. 일반적으로 선도도 은갈치가 더 좋은 편인데다가 생긴 모습도 그럴듯한데다가 제주도 프리미엄까지 붙어서 비싼 가격에 팔리고 있다. 최근 수산과학원이 발표한 자료에 따르면 제주도는 전국 갈치 생산량의 70%를 차지할 정도로 갈치가 많이 나는데 제주산 갈치는 품질이 뛰어나 서울 등 대도시를 중심으로 높은 인기를 얻고 있다.

갈치하면 살짝 소금을 뿌려서 노릇노릇하게 구어먹는 갈치구이나 무, 파, 양파를 넣고 청양고추를 썰어 넣고 물을 자작하게 부어서 얼큰하게 끓여 먹는 갈치조림만을 생각하게 하나 실은 다른 먹거리도 그 맛을 잊을 수 없는 것이 갈치 회와 갈치국이다. 군에 입대하여 후보생 시절 된장에 끓여 나오는 괴상한 갈치국에 식상한 필자는 갈치로 끓이는 국에 대해서는 상당한 편견(?)을 가지고 있었다. 그러나 제주도와 일부 남부 해안지방에서 먹는 갈치국은 배추, 청둥호박, 풋고추를 넣어 약간의 단맛에 시원하고 구수한 맛이 나게 끓이는 데 귀한 손님이 오면 물 좋은 갈치를 사다가 국을 끓여 주는 것이 제주도 사람들의 극진한 손님 접대 방법이라고 한다.

제주 출신의 강승우 원장(조선치대 졸, 제주개업)은 육지 사람들이 가지고 있을 수도 있는 갈치국의 맛에 대한 편견에 대해서 노골적인 불만을 나타내며 갈치국의 맛에 대하여 대단한 자부심을 가지고 있었다. 또한 싱싱한 갈치의 은빛 물질을 제거하고 뼈를 발라내 알맞은 크기로 썰어 만든 회를 한 점 입에 넣으면 그 쫄깃함과 고소함은 이루 말할 수 없을 정도로 입안에 침을 가득 고이게 하는데 갈치 회는 생선회 중에서 단연 으뜸으로 친다.

제주에서 횟감으로 쓰는 갈치는 전날 밤이나 당일 새벽에 잡은 싱싱한 것들을 골라 사용하는데, 갈치회는 특히 가을부터 제 맛이 나기 시작해 날씨가 추워지는 겨울에 최고로 맛이 좋다. 오래전 명동의 '제주물항'에서 갈치 회 맛을 보고 그야말로 환장(?)한 일이 있었지만, 서울에서 갈치 회를 대하기란 쉽지 않다.

횟감으로 사용하지 않아도 갈치국 역시 신선한 갈치를 사용해야만 비리지 않기 때문에 제주도가 아니면 거의 만날 수 없는 음식이다. 우선은 그래도 쉽게 접할 수 있는 갈치구이와 갈치졸임으로 입맛을 달랠 수밖에 없다. 오호, 애재라! 갈치 내장은 따로 모아 갈치속젓을 담근다. 독특한 향과 맛 또한 일품으로 생각만 해도 침이 고이게 한다.

갑오징어 : 지방 함량 낮고 타우린 성분 풍부

갑오징어(학명: Sepia officinalis Linnaeus, 1758)는 갑오징어과에 속한다. 우리나라 전 연안에 분포하고 서해 중부에서 많이 잡히는 연체동물이다. 갑오징어는 아메리카대륙 연안의 바다를 제외하고는 거의 전 세계에서 볼 수 있다. 몸통은 타원형으로 둥글고 갈색 줄무늬가 있다. 흔히 오징어라고 부르는 살오징어와는 달리 몸 안에 길쭉한 뼈와 같은 껍질을 가지고 있으며 무리를 지어 다니며 깊은 물에도 산다. 무척

추동물인 오징어에 뼈가 있는 이유는 오징어가 조개에서 분화되어 나올 때 조개껍질이 사라지는 과정에서 일부 종족은 조개 껍질부분을 몸속에 내장했기 때문이다. 따라서 뼈라고는 하지만 척추동물에서 볼 수 있는 뼈와는 상당히 다른 특성을 가진다. 갑오징어는 몸 부피에 비해 뼈의 비중이 꽤 큰 편으로 회를 치면 거의 가죽만 남기 때문에 살의 양이 좀 적다고 느끼기도 한다. 그러나 일반 오징어에 비해 두툼한 살과 쫄깃한 식감으로 인기가 높아 고급식재료로 취급되고 있다.

생물 분류상 오징어는 십완상목에 속해서 다리가 10개인 생물로, 오징어와 꼴뚜기가 여기에 속한다. 우리나라 근해에서 잡히는 오징어로는 살오징어, 흰오징어, 갑오징어, 화살오징어 등 10여 종이 있다. 그중 가장 많이 어획되는 살오징어는 70% 이상이 동해를 산지로 하고 있어 남해안에서는 거의 볼 수 없었다. 그러나 최근에 바다 수온의 변화로 오징어가 남해안에서도 잡히고 있다. 따라서 오징어 하면 으레 갑오징어만 보아온 남해안(신안군, 진도군, 완도군)지방에서는 우리가 알고 있는 오징어(살오징어)가 그리 친숙하지 않다고 한다.

갑오징어에는 해면질과 백악질로 되어 있는 갑오징어뼈라는 내골격이 있다. 이것은 칼슘 성분이 많아 카나리아, 앵무새 등 애완용 조류의 먹이나 치약의 원료로 쓰인다. 또는, 뼈를 갈아 상처에 바르는 약으로 쓰기도 한다. 뼈와 몸통 사이의 공간에 물을 빨아들이고 내뿜는 힘으로 이동한다. 물을 내뿜어 모래 속에 숨어 있는 게를 드러내 놓기도 하고 적을 피해 숨기 위해서 먹물을 뿌려 물을 흐리게 하기도 한다.

섬 지역 민가에서는 참갑오징어를 손질하고 나온 뼈를 '늘' 또는 '깜능'이라 하여 말려두었다가 체하거나 배가 아플 때 가루를 내어 식초나 물에 타 먹는다. 머리에 상처가 나면 바닷물에 오래 말려 다려 누렇게 변색된 뼈를 가루를 내 지혈하는 데 사용한다.

≪동의보감(東醫寶鑑)≫, ≪물명고(物名攷)≫, ≪물보(物譜)≫, ≪전어지(佃漁志)≫, ≪규합총서(閨閤叢書)≫ 등 옛 문헌에 따르면 우리말로 오중어·오증어·오적어·오적이·오직이 등으로 불렀다. 갑오징어는 오즉(烏鰂), 묵어(墨魚), 흑어(黑魚), 남어(纜魚), 실오징어는 유어(鰇漁), 고록어(高祿魚)라고 하였다. 오늘날에는 어획량이 많은 살오징어를 오징어, 고문헌에 기록된 오징어를 갑오징어라고 하는 등 용어상의 혼란이 있다.

고문헌에도 갑오징어에 대한 기록이 있어 오징어는 약재로도 널리 사용되었다. 1635년 정경선(鄭敬先) 등이 지은 ≪의림촬요(醫林撮要)≫에는 참갑오징어 뼈를 '해표초(海票蛸)' 또는 '오적골(烏賊骨)'이라고 하였으며, 치질이 있을 때 항문에 뿌려주면 좋다고 하였다. 또한 코피가 나면 목 안에 가루를 불어넣어 준다고 하였다.

≪자산어보(玆山魚譜)≫에서는 "오징어의 뼈는 곧잘 상처를

아물게 하고 새살이 나게 한다. 뼈는 말의 상처와 당나귀의 등창을 다스린다. 오징어 뼈가 아니면 고치지 못한다"고 하였다. ≪동의보감(東醫寶鑑)≫에서는 오징어의 뼈·먹물·살을 이용하여 여성질환, 불임, 피부병, 안과질환 등 다양한 질환에 널리 사용되었다.

대부분의 오징어류는 일생에 단 한번만의 번식으로 체력이 모두 소진되어 생을 마감한다. 따라서 오징어류의 수명은 부화로부터 교접 산란(交接·産卵)을 마칠 때까지이다. 오징어의 생활사 중에서 생식주기의 반복은 없고 단 1회로 끝난다. 오징어는 다른 魚類에 비교하면 생활사는 成長期의 점유비가 대단히 길며 재생산(번식)을 할 수 있는 成體期(成熟期)는 매우 짧은 것이 특징이다.

갑오징어 요리로는 갑오징어 회, 회무침. 물회, 숙회, 갑오징어 양념구이, 갑오징어두루치기 등으로 우리 서민의 입맛에 깊이 자리 잡고 있으나 그중 가장 인기 있는 건 숙회다. 갑오징어가 갖고 있는 특유의 달짝지근한 맛과 탱글탱글한 식감을 제대로 즐길 수 있기 때문이다.

봄철 갑오징어는 살짝 데쳐 기름장에 찍어먹으면 달짝지근한 맛과 쫄깃한 식감이 기가 막히다. 갑오징어는 지방 함량이 낮고 단백질 함량이 높다. 타우린 성분이 풍부해 피로 해소에도 좋다. 특히 회는 씹는 것이 없을 정도로 식감이 연하며 단맛은 타 어류의 회에 비교할 수 없을 정도로 감칠맛이 있으며 쫄깃한 숙회맛 또한 일품으로 식도락가의 미각을 사로잡고 있다.

지난 주말 가락동 농수산 시장의 수산물 부에 갔더니 좌판 한 귀퉁이를 차지하고 있는 먹물을 뒤집어 쓴 갑오징어를 보고 한 무더기를 사가지고 와서 손질하여 회로 숙회로 무침으로 다양하게 가장의 솜씨(?)를 발휘하여 가족에게 봉사하였다. 잠깐의 손질로 온 가족의 입을 즐겁게 하니 이 또한 不亦說乎!

개불 : 달짝지근하고 쫄깃한 맛 숙취 해소

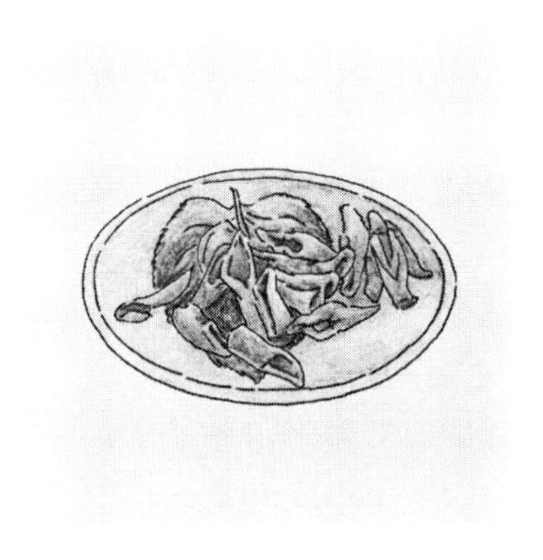

수십 년 전 필자는 신혼여행으로 한려수도를 쾌속선으로 유람(?)하는 중에 지금은 흔적조차 없어진 여수관광호텔에서 며칠을 머문 일이 있었다. 해가 뉘엿뉘엿 지는 석양에 봄바람을 맞으며 오동나무 꽃이 휘둘러 핀 오동도 숲길을 걷던 일은 색다른 추억으로 남아 있다. 당시는 오동도에도 횟집이 즐비하였는데 주문한 회가 준비되기 전에 소위 '츠키다시(突き出し)'로 나온 정체불명(?)의 붉은 색의 굵은 대롱을 잘게

썬 것 같은 요상한(?) 먹거리가 사실은 횟집에 들어 올 때에 수조에 떠있던 지팡이 같이 생긴(?) 소위 개불이란 해산물이었다. 생전 처음 보는 것을 초장에 찍어 먹어 보니 달짝지근하며 쫄깃한 그 맛에 반하여 한 접시를 비우고, 정작 나중에 나온 회는 배가 불러서 남기고 만 기억이 있다.

당시에 서울에서 생선회는 물론 바다 어패류를 신선하게 맛본다는 것이 그리 쉬운 일은 아니었고 가끔씩 맛본 아나고(붕장어) 회가 회중에서는 최고(?) 인줄 알았을 정도이었다.
그 후 광주 조선치대에 몸담고 있을 시절 시내의 단골 횟집에서 문제의(?) 개불을 자주 먹을 기회가 있었고 그 맛에 반해서 지금껏 즐기고 있는데, 이제는 아쉽게도 국내 생산량이 수요를 못 당해서 츠키다시(突き出し) 정도의 수준을 탈피한지 오래되었고 일전에 방문한 가락 농수산 시장에서조차 저렴한 중국산이 점유하고 있는 실정이다.

개불(Urechis unicinctus)은 의충동물에 속하는 개불과 개불속 동물의 총칭이며 학명은 Urechis unicinctus von Drasche, 1881 이다. 몸길이는 10~30cm 정도이고 몸은 소시지 모양의 원통형에 가까우며 황갈색을 띤다. 몸의 겉면에는 유두상(乳頭狀)의 많은 작은 돌기가 있다. 입의 앞쪽에 오므렸다 늘였다 할 수 있는 납작한 주둥이가 있는데, 이 주둥이 속에 뇌가 들어 있어 다른 동물의 머리에 해당한다고 볼 수 있다.

바다 밑의 모래 속에 U자 모양의 관을 파고 살며, 암수딴몸으로 암컷과 수컷은 각각 알과 정자를 만들어 체외수정을 한다. 알은 담륜자(膽輪子, trochophora) 유생 시기를 거쳐 성체가 된다. 우리나라에서는 식용은 물론 가자미·도미 등의 낚시에 미끼로 쓰인다. 대한민국, 일본, 태평양 연안 등지에 분포한다.

'우해이어보(牛海異魚譜)'는 1803년 경남 진해로 유배 온 김려(金鑢)가 그 지방의 신기한 어류를 접하고 저술한 책으로, 어촌 풍습과 바다 생물들을 기록했다. 이 책에서 개불을 '해음경'(海陰莖)이라 했는데 "해음경은 모양이 말의 음경과 같다. 머리와 꼬리가 없고 입은 하나만 있다. 바다 밑 바위에 붙어서 꿈틀대는데 자르면 피가 난다. 해음경을 깨끗이 말려 가늘게 갈아서 젖을 섞어 음위(남자 생식기가 위축되는 병)에 바르면 바로 발기한다"라고 기록하였다.

개불은 생김새가 '개 불알(음낭, 陰囊)' 같다고 하여 우스꽝스럽게도 '개불'이라 부른다. 정작 개불은 개(犬) 고환(睾丸)처럼 생기지도 않았는데도……. 점잖으신 조상들께서 남근(男根)이라 떳떳하게 부르기가 민망스러워 익살맞게 개의 불알에 빗대 이름을 붙였던 것인가(?).

사실 얼핏 봐서는 큼직한 갯지렁이인지, 동물의 창자인지 기묘하여, 중국에서는 동물내장 같다고 하여 해장(海腸)이라 부르고, 서양 사람들은 '남근물고기(penis fish)'라고 보이는 그대로 쓴다. 그리고 입이 납작한 것이 앞으로 불쑥 튀어나와 설핏 숟가락을 닮았다 하여 '숟가락벌레(spoon worm)'라고 한다. 손으로 어루만지면 화들짝 놀라 팽팽하게 부풀면서 단단해지고, 물 밖으로 건져 올리면 마치 어린애가 오줌 싸듯 물을 쏟는 것이 정말이지 음경(陰莖)과 흡사하다.

요리할 때에는 주위에 가시가 있기 때문에 입과 항문을 깔끔하게 잘라버리며, 배를 따서 내장도 송두리째 들어낸다. 냉큼냉큼 매매 씹으면 달짝지근한 감칠맛이 나고, 특유의 조직 때문에 씹히는 식감이 쫄깃쫄깃하고, 씹으면 오돌오돌한 것이 오도독오도독 소리까지 난다.

개불은 생긴 것과는 달리 고급 식재료로 취급되며 쫄깃한 식감과 은은한 단맛과 감칠맛이 나며 바다 향기가 느껴진다. 신선한 것은 회로 먹고, 곱창요리처럼 양념을 해서 석쇠에 알루미늄박(포일, foil)을 씌우고 굽거나 볶기도 하는데 회와 비교하여 훨씬 부드럽다. 그 외에도 개불 김칫국, 튀김, 칼국수, 숯불구이 등의 요리로도 즐길 수 있다.

개불은 겨울철 애주가들의 술안주로 인기다. 고혈압·천식·빈혈에 효과가 있다 하고, 혈전(血栓)을 용해하는 성분도 들었으며, 콩나물에 많이 들었다는 아스파라긴산이 풍부하여 알코올 대사를 촉진시켜 숙취해소와 간장보호에도 한 몫을 한다.

고등어 : 침 마취로 도심 횟집까지 공급 기술

수년전 한국 〈gallup〉에서 조사한 바에 따르면 한국인이 가장 좋아하는 생선으로 '고등어'(27.1%), 2위는 '갈치'(23.1%), 3위에는 '조기'(15.8%), 4위에는 '꽁치'(3.3%), 5위에는 '삼치'(2.8%)가 각각 차지했다. 이중 고등어, 꽁치, 삼치는 오메가3 지방산인 DHA와 EPA가 많이 들어 있어 동맥경화 등 순환기 계통 성인병 예방에 좋고, 성장기 아동의 머리를 좋게 하는 '등푸른 생선'으로 각광을 받고 있다. '한밤중에 목이 말라 냉장고를 열어보니'로 시작하는 〈어머니와 고등어〉(김

창완)라는 노래가 있을 정도이니, 고등어가 한국인에게 가장 친근한 생선으로 손꼽히고 있다.

고등어는 농어목 고등어과 생선으로 학명은 Scomber japonicus 이다. 크기는 30cm 정도로 등쪽 암청색, 중앙에서부터 배쪽 은백색으로 무리생활을 하며 태평양, 대서양, 인도양의 온대 및 아열대 해역에 분포한다. 부어성 어종으로 표층 또는 표층으로부터 300m 이내의 중층에 서식한다. 계절회유(季節回遊)를 하며, 북반구에 서식하는 종은 수온이 상승하는 여름철에 북쪽으로 이동을 하고 겨울철에는 남쪽으로 이동하여 산란한다.

동태평양에서는 다른 어종들과 함께 군집을 이루어 이동하기도 하며 우리나라에는 2~3월경에 제주 성산포 근해에 몰려와 차차 북으로 올라가는데 그 중 한 무리는 동해로, 다른 한 무리는 서해로 올라간다. 9월~다음해 1월경부터 남으로 내려가기 시작한다. 산란은 수온 15~20℃에서 이루어지며, 지역에 따라 약간의 차이를 보인다. 먹이는 요각류, 갑각류, 어류, 오징어류 등을 먹으며, 군집을 이루어 사는 다른 어종과 먹이 경쟁을 한다.

《자산어보(玆山魚譜)》에 벽문어(碧紋魚)·고등어(皐登魚), 《재물보(才物譜)》에 고도어(古道魚), 《경상도 속한지리지》에 고도어(古都魚)라고 한 기록이 있으며. 《동국여지승람(東國輿地勝覽)》에서 고등어의 모양이 마치 칼과 같다 하여 고도어(古刀魚)라고 불렀던 데서 어원을 찾기도 하며, 또한 《신증동국여지승람(新增東國輿地勝覽)》제24권을 보면 경상도 영해 도호부에 고등어가 난다는 기록이 있다.

한국은 삼면이 바다로 둘러싸여 있지만 국토의 70%가 산악 지형으로 이루어져 교통이 발달하지 못했던 1960년대까지만 해도 해안지방에서 잡은 생선이나 해산물을 신선한 상태 그대로 내륙까지 운반하기가 쉽지 않았다. 그래서 발달한 음식이 생선을 소금에 절인 반찬인 '자반'으로 생선은 한국인의 훌륭한 단백질 공급원이 되어왔다.

고문헌의 기록으로 ≪홍길동전≫의 저자인 허균(許筠)이 1611년(광해군 3년)에 지은 ≪도문대작(屠門大嚼)≫에 안동 지역으로 고등어 수급이 가능했을 것으로 판단되는 구절이 발견되는데. 경상도 및 강원도 지역의 특산물로 수록된 사례가 다수 있는 것으로 보아 안동간고등어의 역사적 유래를 추정할 수 있다. 즉 "고등어가 동해에서 나는데 내장으로 젓을 담근 고등어 젓갈도 있는데 맛이 가장 좋다. 또 미어라는 것이 있는데 가늘고 짧지만 기름져서 먹을 만하다"고 기록하였다. 당시 안동지역에서 간고등어는 가난한 안동선비의 고급 반찬이었다.

안동지방은 내륙에 위치하니 싱싱한 어물을 구경하기가 어려웠고, 상인들도 내륙 깊숙한 지역에는 소금으로 간을 한 고등어를 공급하여 자연히 안동사람들은 간이 되지 않은 '통고등어'보다 소금에 절인 간고등어를 더 자주 먹을 수밖에 없었다. 간고등어는 저렴하고 장기 보존이 가능하여 가난한 사람들도 일상의례의 실행을 쉽게 도와줄 뿐 아니라, 집으로 찾아오는 손님에게 비교적 계절에 관계없이 대접할 수 있도록 해주는 음식 중 하나였다. 그러나 최근에는 인간 문화재급(?) '간잽이'의 특별한 재능에 의해서만 안동간고등어의 맛이 나타나는듯한 일부 상업적인 매체에 힘입어 '안동 간고등어'가 서민의 수준을 뛰어 넘은 단계(?)가 아닌가 하는 생각이 든다.

사실 자글자글하면서 노랗게 변한 간고등어 구이는 고소한 껍질과 적당히 짭짤한 생선 속살 맛은 그야말로 밥도둑(?)으로서의 제 역할을 충실히 한다. 그러나 안동 간고등어가 일반 자반고등어보다 뛰어나게 맛이 좋다던가, 가격대비 일반 자반고등어에 비해 비싼 값어치를 톡톡히 한다던가 하는 느낌은 별로 받지 못했다. 산지에서는 거의 모든 생선을 회로 즐길 수 있다. 그중에서도 고등어 회는 고소하면서도 씹을 것도 없이 넘어가는 그 맛은 먹어본 사람만이 안다.

성격이 급한 고등어는 잡힌 지 얼마 안 돼서 죽고 더욱이 고등어는 죽은 즉시 비린내가 나기 때문에 산지가 아니면 고등어를 회로 맛본다는 것은 쉬운 일이 아니다. 이를 아쉽게 여기던 일본의 한 수산회사 직원이 1998년 침으로 물고기를 잠재우는 기술을 개발하였고, 이를 보고 제주도와 통영 지방 등에서도 독자적으로 개발한 새 기술로 산 고등어를 침 마취하여 도심 횟집까지 공급하게 되었다.

활어전문가가 송곳으로 고등어 아가미 근처 특정 부위를 수

차례 '콕콕' 찌르면 요동치던 고등어는 한 마리 순한 양(?)이 된다. 그 고등어를 물속에 넣으면 상체는 고정되고 꼬리만 살랑살랑 흔든 채 천천히 헤엄친다. 이 상태로 수조 차에 실려 도시로 배달되면 식도락가들은 살아 있는 그대로 고등어회를 맛보게 되었으니 참 좋은 세상이다.

고래고기 : 단맛나고 부드러우며 연한 느낌

고래는 수중에서 생활하고 피가 따뜻하고 폐로 호흡하며 새끼를 낳아 젖을 먹이는 포유동물이다. 분류학적으로 고래는 포유동물강(Class Mammalia)의 고래목(Order Cetacea)의 동물이다. 고래목에는 위턱에 달린 고래수염으로 먹이를 걸러 먹는 수염고래아목(Mysticeti, 수염고래류)과 이빨이 있는 이빨고래아목(Odontoceti, 이빨고래류)이 있다. 수염고래류는 4과 6속 11종, 이빨고래류는 9과 34속 약 80여종이 분류되어 있다(FAO, 1993). 이중 한반도 주변 바다에는 수염고래류

3과 8종, 이빨고래류 6과 27종이 분포하는 것으로 알려져 있다.

1971년 발굴되어 세상에 알려진 울산광역시 대곡리에 위치한 암각화는 태화강의 지류인 대곡천 절벽에 새겨진 것으로 약 5000년 전에 만들어진 것으로 추정되며, 당시의 다양한 육상동물과 해양 동물을 비롯하여 인간의 수렵활동 등이 사실적으로 묘사한 점이 높이 평가되어 1995년 국보 285호로 지정되었다. 반구대 암각화에는 개별적으로 구분이 가능한 그림이 총 296점이 새겨져 있는데 이 중 193점이 다양한 동물을 표현한 그림이며 이중 고래를 묘사한 것으로 보이는 그림을 추려보면 58점이나 된다.

고래는 지구 역사상 최대의 동물이란 이미지로부터 서양인들은 '바다의 괴물'이란 뜻으로 '케토스(Ketos)'라 하였고, 우리 조상들은 '큰고기(大魚)'라는 뜻으로(鯨魚) 혹은 경(鯨)이라 하였고 경(鯨)의 우리말 '고래'는 19세기 초에 조선 실학자 서유구의 저서 ≪난호어목지(蘭湖漁牧志)≫에 처음으로 나타난다. 조선 중종 26년(1531)에 발간된 ≪신증동국여지승람≫의 울산편에는 경해(鯨海)라는 명칭이 있다. 울산이 닿아 있는 동해바다를 경해라 하며 한자의 뜻은 고래바다이다.

고래바다란 명칭을 탐색해보면 신라시대로 거슬러 올라간다. 조선 후기 사천왕사 터 부근에서 발견된 문무왕 능비의 비편에는 분골경진(粉骨鯨津)이란 글귀가 있다. 문무왕이 죽어 장사지낼 때 화장한 뼛가루를 고래가 사는 바다에 뿌렸다는 뜻이다. 이미 중국의 원나라와 명나라시절(서기 1271~16443년)에 동해를 경해(鯨海)라 불렀다.

조선 헌종 때 실학자 이규경(1788~?)의 저서 ≪오주연문장전산고(五洲衍文長箋散稿)≫의 '산부계곽변증설(産婦鷄藿辨證說)'에 우리나라 산모들이 산후 미역국을 먹는 유래가 나와 있다. 당나라의 유서 ≪초학기(初學記)≫에는 "고래가 새끼를 낳으면 미역을 뜯어 먹어 산후의 상처를 낫게 하는 것을 보고 고려사람(高麗人)들이 산모에게 미역을 먹인다"고 적혀 있다. 여기서 고려인은 고구려인 일 것이다. 산부계곽변증설도 그 기원이 고구려로 거슬러 올라가지 않나 생각된다.

그 외에도 고래에 관한 고문헌으로는 향략집성방(鄕藥集成方)과 동의보감(東醫寶鑑)에서 돌고래류의 기름은 약용으로 피부 곪은데, 곤충에 물린데, 버짐 등의 피부병뿐 아니라 신들려 비실비실 말라 죽는 병, 학질 등의 질병을 다스리는 데 처방하였다고 한다. 또한 우리 말속에는 다양한 고래에 유래한 단어들이 있다. 술 많이 먹는 사람을 '술고래', 큰 도박꾼을 '고래', 매우 끈질긴 것을 '고래심줄 같다', 넓은 장소를 '고래등 같다' 한다.

언어문화속의 고래는 우리나라의 지명에서도 나타나서 고래와 관련된 지명에 관해서는 한국토지공사 지명 연구위원 김기빈 박사의 논문이 있는데 남한만 해도 150여 곳의 고래에 관련된 지명이 있다고 한다. 지명은 그 곳에 살았던 사람들의 생활환경과 문화를 담고 있다. 우리나라의 유구한 역사와 문화 속에 고래는 분명 우리가 모르는 큰 비중을 차지해 왔고 오늘날 우리생활에도 이어져 내려온 것이다. 그 것은 반구대암각화로부터 단절되지 않고 역사속에 흘러내려오고 있는 것이다.

고래 고기는 포경이 법적으로 금지되기 전에는 서민들에게는 상당히 친숙한 음식재료였었다. 한국 전쟁이 끝나고 휴전이 된 1954년 초등학교 일학년이던 필자는 어머님과 같이 여름 방학 중에 대구 외가를 찾은 일이 있었다. 한 일주일 머물면서 지금은 흔적조차 아련한 대구 동촌유원지 등에 가족소풍을 가기도 하였는데 대구 서문 시장을 구경하던 중에 산더미 같은 거대한 고래 고기 토막을 보고 놀랐었고 고래 고기를 불고기로 먹었었는데 '소고기 보다 단맛이 나고 부드럽고 연하다' 는 기억을 가지고 있다.

그 후 포경이 금지된 뒤 90년 대 초에 서울 강남고속터미널 근처의 고래 고깃집을 우연히 발견하여 쾌재를 부르며 몇 차례 갔었다. 이미 포경이 금지되기 전에 잡아서 냉동된 상태의 고래 고기를 해동하여 삶아서 수육으로 먹었는데 부위별로 독특한 식감과 맛이 인상적이었다.

장생포에서는 지금도 여러 식당에서 다양한 고래 고기 요리를 즐길 수 있고 강남의 일부 횟집에서도 고래요리를 즐길 수 있어 식도락가의 입맛을 돋우고 있다. 고래 소비 대국으로 분류되는 일본 정부가 상업 포경(판매용 고래잡이) 재개를 위해 국제포경위원회(IWC)를 탈퇴하기로 방침을 정했다고 외신이 보도하였다. 일본은 자국 국민의 입맛을 위해서 IWC의 규제를 벗어나서 마음대로 고래잡이를 하겠다는 것을 의미한다. 니혼게이자이신문 등에 따르면 일본의 고래 소비량은 1960년대에는 연간 23만t 이상이었다. 이후 고래잡이 과정의 잔혹성 및 식용에 대한 국제적인 비판, 포경 제한 등의 영향으로 소비가 줄었지만, 아직도 연간 5천t 가량이 유통되는 것으로 알려졌다.

우리나라의 경우 고래의 포획은 우연히 그물에 걸려서 죽은 고래의 경우에만 예외적으로 허용이 되고 있으며, 이 또한 해경의 검사를 거쳐 유통증명서를 받고, 고래연구소에 DNA 샘플을 보낸 뒤에야 합법적으로 유통이 가능하다. 이렇게 까다로운 절차 때문에 현재 시중에 유통되는 고래 고기 중 상당수는 허가 받지 않은 불법적인 포획 상태라는 것이 전문가들의 판단이다.

과메기 : 고소하고 비릿한 기름기 느낌 와

과메기의 어원은 눈을 꿰어 만들었다는 관목(貫目)에서 유래되는데, 목(目)이 포항 방언으로 메기라고 하여 관메기가 되었고, 후에 이것이 과메기가 되었다고 한다. 과메기에 대한 가장 오래된 기록으로는 숙종 11년(1685년) 12월 28일자 '승정원일기' 에서 '경상도에서 정월에 대전(大殿)에 진상하는 관목청어(貫目靑魚)' 라는 구절이 있어 과메기가 오래전부터 조정의 진상품이었음을 알 수 있다.

동해 북쪽의 겨울 생선이 명태였다면, 남쪽은 청어의 바다였다. 고려시대부터 먹어 왔던 청어는 내륙 유통을 위해 바싹 말린 건청어(乾靑魚)나 반건조한 과메기 형태로 가공돼 유통되었다. 그러나 고문헌 중1809년 (순조9년)에 빙허각(憑虛閣) 이씨가 집필한 규합총서(閨閤叢書)에 관목이 등장하는데 이 기록에 의하면 관목이라는 물고기가 있고 이 물고기가 과메기의 기원이라는 주장이 있다. 여기서 관목은 "물고기의 눈을 꿰어 말리는 것"을 의미하는 것이 아니라 청어 100마리

중에 1~2마리 정도 섞여 있는 반대편 눈이 비쳐보일 정도로 머리가 투명한 물고기를 의미한다.

그 외에도 서유구(徐有榘)의 ≪임원십육지(林園十六志)≫ 전어지(佃漁志) (1827년)에 청어과메기에 관한 자세한 기록이 나온다. '청어를 등을 따개지 아니하고, 다만 볏짚으로 꼰 새끼로 엮어서 햇볕에 말리면 멀리 보낼 수 있고, 오래 두어도 상하지 아니한다. 통속적으로 부르기를 관목(貫目)이라고 하는데, 두 눈이 투명해서 가히 노끈으로 꿸 수가 있으므로 이렇게 붙인 것이다.'

과메기는 갓 잡은 신선한 꽁치나 청어를 영하 10℃의 냉동상태에 두었다가 12월부터 바깥에 내걸어 자연상태에서 냉동과 해동을 거듭하여 말려진 것으로 주 생산지는 경상도 영일현(迎日縣·현 포항)이었다. 청어 어획량이 줄어 지금은 꽁치로 대체되었고, 과메기가 전국적으로 유명해지면서 매년 겨울철 포항시 어민들의 커다란 수입원이 되고 있다.

꽁치는 동갈치목 동갈치과(꽁치과)의 물고기로 등푸른 생선의 대표로서, 영양분 함량과 지방 함유량은 높지만 불포화지방산 오메가-3가 등푸른 생선 중에서도 가장 많이 들어있어 식이요법에서도 권장되는 품목으로 손꼽히고 있다.

일제에 의해 영일만 일대의 대규모 청어 어장이 발견되고 영일만에 청어 가공 업체들이 들어섰다. 일본의 전통적인 청어요리 중에 미가키니신(みかきにしん,身欠き鰊)이라는 것이

있는데 청어의 머리와 꼬리를 떼어낸 후 적당히 건조시킨 것이다. 미가키니신은 그 자체로 먹기도 하지만 다시마를 곁들여 먹기도 하는데 오늘날 과메기에 미역을 곁들여 먹는 것과 비슷하다.

미가키니신은 교토의 명물로 불리며 한국의 과메기보다 훨씬 많은 조리법이 있어 미가키니신 소바라는 것도 있다고 한다. 일제 강점기 때 동해안에서 청어도 엄청난 양이 잡혀서 포항일대가 호황을 누렸는데 실은 일본인과 그 추종자 에게만 어업권을 주고 청어를 잡게 하니 일반 어민은 이들의 눈을 피하고 일본 순사의 감시를 피해 몰래 청어를 잡았던 눈물겨운 역사가 숨겨져 있었다. 일제는 여기서 잡은 청어를 일본으로 가지고 가서 전통적인 청어 요리인 미가키니신이라는 것을 만들어서 대륙의 산물(?)이라고 그 맛을 즐겼다고 한다.

필자가 1971 치과대학 재학 중 경희치대 진료봉사단체 WBM의 일원으로 여름방학 중에 지금은 고인이 되신 이상철 교수님을 모시고 강원도 삼척군 근덕면 장호중학교에서 언청이 수술을 포함한 치과진료 봉사 활동을 하였다, 하루의 일과가 끝나면 바닷가에서 해수욕도 하고 모래사장에서 달빛을 벗 삼아 멍석을 깔고 시간을 보내곤 하였는데, 당시 바닷가에는 흉물스런 공장 건물이 있었다. 동네 주민에게 물어보니 일제 강점기 시절 일제가 동해안에 나는 엄청난 양의 정어리를 수탈하여 군수용 기름을 짜던 공장 설비라는 것이다. 일제가 패망하여 떠나던 때에 우연치 않게도 동해안의 조류가 바뀌어서 그 많이 잡히던 정어리와 청어는 자취조차 없어지고 기름 짜던 공장은 폐허로 남아 있던 것이다.

오래전 겨울철에 학회 차 대구에 가서 하루를 묵은 일이 있었다. 마침 저녁을 먹은 식당에서 포항 특산 과메기가 차림표에 있는 것을 보고 무척 반가웠다. 약간 눅진거리면서 씹으면 고소하면서도 비릿한 기름기가 느껴지는 것이 어릴 적 먹어본 대구 간유에서 느낄 수 있던 맛이라고 할까? 여하튼 묘한 맛을 음미하며 먹던 기억이 있다. 그 후로는 서울에서도 겨울철이면 대형 마트에서 어렵지 않게 과메기를 구할 수 있어서 한철 특산물을 즐기고 있다.

한입 크기의 과메기를 초장에 찍어서 생미역에 싸서 먹는 것이 기본이며 생파, 생마늘, 청양고추 등을 곁들여 먹기도 한다. 취향에 따라 김에 싸서 먹기도 하고 배추, 상추, 깻잎 등 각종 쌈채소에 싸먹으면 독특한 맛을 느낄 수 있고 기름소금에 찍어 먹기도 한다. 그러나 약간 비릿하면서도 씹으면 찰지게 느끼는 고소한 맛은 사람에 따라서 호 불호가 있을 수 있으나 싸디 싼 꽁치로 한겨울 별미를 즐길 수 있는 효자(?) 음식이다.

굴 : 날로 먹을 때 영양 뛰어나고 맛 향긋

굴은 연체동물 부족류(斧足類) 빈치목(貧齒目) 굴과에 속하는 조개류의 총칭으로 식용종인 참굴을 말하며, 굴조개라고도 한다. 한자어로는 모려(牡蠣) ·석화(石花) 등으로 표기하며, 방언으로는 참굴, 석화, 구조개, 무려, 꿀동이, 꿀 치 등이 있다. 굴은 열대에서 한대지방에 이르기까지 전 세계 바다에 120 여종이 고루 분포·서식하고 있다. 우리나나에서는 참굴을 비롯하여 남해안 가덕과 낙동강 연안에 자생하는 갈굴, 남해안과 동해 남부의 해안에 자생하는 바위굴, 남해안

과 서해안에 주로 자생하는 털굴, 동해안 남부 및 남서해안에 널리 분포하는 토굴 등이 있다. 학명은 Grassostrea giagas (Thunberg) 이고, 영명은 Oyster, Japanese oyster, Pacific oyster, Giant pacific oyster 등이며, 일명은 Magaki(かき,牡蛎, 牡蠣)이다.

굴이 식용으로 이용된 역사는 오래되었으며 우리나라에서도 선사시대에 조개더미에서 굴 껍질이 많이 출토된다. 굴을 비롯한 조개무리는 구석기시대에서 신석기시대를 지나는 동안 빙하기에 인류가 살아남기 위해 먹었을 것으로 여겨지며 조개무리 중에서 번식력이 비교적 왕성하여 가장 흔한 조개가 바로 굴이므로 용이하게 이용 되었을 것으로 추정된다.

굴을 식용으로 이용한 것은 동서양을 비롯하여 인류 최초의 역사와 함께 시작되었겠지만, 특히 고대 그리스나 로마 사람들이 많이 먹었던 것으로 알려져 있다. 미국 등 서양에서는 날고기를 거의 먹지 않는데도 불구하고 오직 굴만은 날것으로 먹고 있다. 맹물에 씻으면 맛과 양분이 씻겨 내려가므로 소금물에 헹구는 것이 바람직하며, 레몬이나 무채를 곁들이면 비린내를 막을 수 있다.

우리나라에서도 고문헌에 굴에 대한 기록이 나타나는데 성종 12년 간행된 《동국여지승람(東國輿地勝覽)》에 강원도를 제외한 7도의 토산물로 기록되어 있고, 서유구(徐有榘)의 《전어지(佃漁志)》, 《증보산림경제(增補山林經濟)》, 정약전(丁若銓)의 《자산어보(玆山漁譜)》 등에는 형태에 관한 기록이 있으며, 《조선요리법(朝鮮料理法)》,《시의전서(是議全書)》, 《조선무쌍신식요리제법(朝鮮無雙新式料理製法)》, 《원행을묘정리의궤(園幸乙卯整理儀軌)》 등에는 굴젓, 장굴젓, 물굴젓이 다양하게 기록되어 있다.

옛날부터 굴은 봄부터 여름에는 먹지 말아야 한다면서 "영어로 달이름에 r자가 없는 5~8월에는 굴을 먹지 말라"는 영국 속설이 있다. 기온이 상승하여 식중독병원체에 감염되기 쉬운 계절인데서 나온 경고라고 생각된다. 수온이 올라가면 맛이 맹탕이고, 굴이 산란하는 시기엔 독성을 품기 때문이다. 굴이 가장 맛이 좋은 시기는 날이 추워지는 11월 말부터 1월 하순까지이며, 생으로 먹을 때 영양이 가장 뛰어나며 생굴의 시원하고 톡 쏘는 향긋한 맛이 일품이다.

굴에는 글리코겐과 아연이 풍부하게 들어 있는데 글리코겐은 에너지의 원천으로, 아연은 성호르몬인 테스토스테론의 활성화에 중요한 역할을 한다. 따라서 굴은 남자를 강하게 만드는 정력제로 통했는데 우리에게도 잘 알려진 유명 인사들이 굴에 편집적으로 집착하였다는 이야기는 흥미롭다.

대작가인 발자크, 독일의 명재상인 비스마르크 등이 굴의 맛에 매료 되었으며, 동서양을 통해서 희대의 바람둥이로 손꼽히는 카사노바도 굴을 탐식하였고, 줄리어스 시저가 대군을 이끌고 도버 해협을 건너 영국 원정을 했던 이유 중 하나가 템스 강 하구에서 나는 굴의 깊은 맛에 반했기(?) 때문이라니 전쟁의 이유치고는 어처구니가 없다.

그 외에도 굴은 비타민, 철분, 칼슘, 타우린, 아미노산 등을 함유해 '바다의 우유'라고도 불리는 완전식품이다. 한국은 굴을 매우 저렴하게 먹을 수 있는 복 받은 국가다. 가령 2014년 일본의 굴 생산량은 18만4,100톤이나 한국은 이에 비해 약 2배 정도가 생산되며 1인당 생산량으로 따지면 거의 5배에 달할 정도이다. 이는 굴이 자라기 좋은 지형적 조건 때문으로 질 또한 매우 높다.

지난 1987년 한미패류위생양해각서가 체결된 이래, 이에 따라 해양수산부는 국내 패류 생산해역과 가공시설 등을 체계적으로 관리하여 굴 및 어패류에 관한 위생 관리시설은 세계적인 수준으로 인정받았고, 지난해 말 현재 냉동 굴은 일본과 미국을 비롯하여 10개국 이상 국가에 6179톤이 수출됐으며 통조림과 훈제, 염장 등 가공굴 제품도 9288톤이 수출되었다.

굴을 이용한 요리로는 굴 국밥, 굴튀김, 굴전, 굴밥, 굴 소스, 굴 짬뽕, 생 굴회. 굴물회, 굴젓, 훈제굴, 보쌈김치뿐 아니라 김치에도 소에 굴을 넣어서 오래된 굴에 젓은 우리 음식문화를 엿볼 수 있다. 양식된 굴에서 비린내가 심한 편이고 싱싱한 자연산 생굴은 비린내가 거의 없다는 편견이 있으나 실제로는 별 차이 없다. 그러나 자연산 굴에는 참굴큰입흡충 등 디스토마 류가 기생하며, 생물어패류에서는 노도 바이러스의 감염의 우려도 있으므로 조심해야 된다.

김 : 아미노산 비타민 요오드 듬뿍 든 식재

김은 홍조식물 보라털목 보라털과 김속 및 돌김속에 속하는 해조의 총칭으로 학명은 Porphyra C.Agardh이다. 청태, 감태, 해우(海羽), 해의(海衣), 해태(海苔)라고도 부른다. 한국과 일본 사람들에게 인기 있는 음식재료로, 한국, 일본, 중국의 바다에서 암초 위에 자라난다. 마치 이끼처럼 자라나며 길이는 14~25cm 너비 5~12cm 정도이다. 긴 타원 모양이며 가장자리에 주름이 있고 윗부분은 갈색 아랫부분은 푸른 녹색이다. 김은 10월 무렵부터 보이기 시작하여 겨울에서 봄을 거치는 동안 자라나고 날이 따뜻해지면 보이지 않는다.

처음에는 바닷가의 암초에 붙은 돌김을 뜯어서 말려 먹기 시작하였으며 이후에는 개펄에 섶을 꽂아 포자를 붙게 하여 채취하는 방법을 사용했다. 이후 대나무로 발을 짜서 바다에 말뚝을 박아 고정하여 양식을 하였다. 1960년대에 인공포자 배양기술이 개발되고 그물발이 보급되면서 김양식의 생산성이 높아졌다.

김 양식장은 해안마을에서 허가된 구역 안에서 김발을 설치한 곳으로 추석 전후로 설치하고 종자용 포자를 부착한 김발과 보통 김발 여러 개를 한꺼번에 바다에 넣고 포자가 붙도록 1주일 쯤 놔둔 다음 정식으로 설치한다. 설치한 지 한 달이 지나면 채취가 가능하며 이듬해 4월까지 7~8회 정도 채취한다.

채취된 김은 민물로 세척한 다음 잘게 자르고 물통에 넣고 풀어 김발 장에 뿌린다. 규격에 맞는 크기를 만들기 위해 김틀을 발장 위에 올리고 작업을 한다. 너무 두껍거나 얇지 않도록 풀어진 김을 올린 다음 양지바른 건조장에서 말린다. 추운 겨울 바닷바람이 뼛골을 에는 추위를 견디며 변변한 물옷 없이 찬 바닷물에서 김을 채취하고 민물에서 바닷물을 씻고 일정한 크기의 김틀에 올려서 건조하는 과정은 수 많은 손길을 필요로 한다.

건조 과정 중 비나 눈이라도 내릴라치면 김틀의 김을 만들기 위한 그간의 엄청난 노력은 수포가 되므로, 온 식구들이 그야 말로 빛의 속도(?)로 김 건조장의 김틀을 피신(?) 시킨다. 그러나 최근에는 김발 설치 이외에는 거의 모든 과정이 기계화되어 김 생산 작업이 수월해졌다.

김은《삼국유사》에 처음 나와 신라시대 때부터 먹은 것으로 보이며 이 밖에《경상지리지》,《동국여지승람》등에서 김을 토산품으로 소개하고 있다. 1429년《세종실록》에 명나라에 보낼 물건 중 하나로 해의(海衣)가 있는데, 김을 부르는 말이다. 이 의미는 김이 종이와 같은 형태를 두고 부른 표현인 것으로 보고 있다. 조선시대에는 충청도 태안군, 경상도 울산군, 동래현, 영덕현과 전라도 일부 지역에서 김을 만들어 서울로 올리는 진상품의 하나로 귀한 먹거리여서 1650년에는 1첩의 값이 목면 20필까지 오른 적도 있었다. 인조 18년(1640년)에 전라남도 광양 태인도의 김여익이 처음 김을 양식하는 데 성공하였다고 전해 내려온다. 이때까지 특별히 김을 나타내는 이름이 없어서 김여익의 성을 따서 '김(金)'이라 부르게 되었다고 한다. 또한 전라남도 광양시 태인동에는 김여익을 기리는 유지가 있어, 전남기념물 제113호로 1987년에 지정되었다.

당시 김 양식은 대나무나 참나무 가지를 간석제에 세워 김을 이 가지에 달라붙어 자라게 하는 섶 양식이었다. 김의 양식법은 완도 조약도의 김유봉, 완도 고금면의 정시원에 의해서도 시작되었다. 1840년대에는 대나무 쪽으로 발을 엮어 한쪽은 바닥에 고정시키고 다른 한쪽은 물에 뜨도록 한 떼발양식이 개발되었고 1920년에 떼발 양식을 개량한 뜬발 양식이 시작되었는데, 이 방식은 김을 날마다 일정 기간 동안만 햇빛을 받을 수 있도록 조절하는 것으로 요즈음은 사상체를 배양하여 인공적으로 채묘하면서 부류식 냉동망을 교체하는 방법까지 개발되었다.

김에는 단백질이 많이 들어 있어 마른 김 5장에 들어 있는 단백질 양이 달걀 1개에 들어 있는 양과 비슷하다고 한다. 그러나 품질이 나쁜 김에는 단백질보다 탄수화물이 더 많이 들어 있다. 또한, 필수 아미노산을 비롯하여 비타민도 많이 들어 있으며, 소화도 잘 되기 때문에 아주 좋은 영양식품으로, 다시마, 미역, 파래, 멸치 등과 더불어 요오드 함유식품으로도 알려져 있으며, 동맥경화와 고혈압을 일으키는 원인으로 알려진 콜레스테롤을 몸 밖으로 내보내는 성분도 함유하고 있는 것으로 알려져 있다.

김은 생일이나 설날 같은 특별한 날에나 상위에 오르던 고급 찬이었다. 김밥 또한 봄 가을 소풍 때에나 겨우 맛볼 수 있는 귀한 음식으로 형제들이 소풍가는 날 아침 어머님이 준비하시는 김밥 꼬다리 하나라도 더 맛보려고 서로 눈치를 보았었다.

2차 대전에 패한 일본이 물러나고 나서 독립한 우리나라는 외국에 수출할 만한 품목이 없었다, 11월이 되면 당시에 유일한 수출품이던 해태(김)를 팔아서 외화벌이라도 하려고, 온갖 트집을 잡고 고자세로 나오는 일본 측에 애걸복걸(?)하여 수출을 늘리려고 고생한 흔적이 그 시절의 신문에 고스란히 남아 있다(대일 김 수출액; 1962년 127만$, 1964년539만 $). 이제는 모든 김제조 공정이 기계화되고 전 세계인의 김에 대한 인식이 바뀌어서 2015년 김 수출액만 무려 3억 $에 달하고 있고, 콧대 높던 일본 사람들조차 한국 여행 후 귀국길에 양손 가득히 조미김을 사가고 있는 실정이니 세상은 참 많이 변했다.

꼬막 : 익혀도 입 꽉 다무는 피조개가 특징

꼬막은 이매패류의 돌조개과에 달린, 바다에서 사는 조개다. 꼬막은 보통 참꼬막, 새꼬막, 피조개의 세 종류로 분류한다. 참꼬막의 학명은 Tegillarca granosa L 이다. 꼬막은 원래 표준어가 고막이었고 꼬막은 사투리였으나 지금은 표준어마저 꼬막으로 변경되었다. 참꼬막은 피조개나 새꼬막보다 크기가 작아 몸길이가 5cm쯤, 폭은 3.5cm쯤의 둥근 부채꼴이며, 방사륵은 부챗살 모양으로 18개쯤이고 그 위에 결절 모양의 작은 돌기를 나열한다. 껍데기는 사각형에 가깝고 매우 두꺼

우며 각피에 벨벳 모양의 털이 없다.

우리나라 최초의 어보(魚譜)라 할 수 있는 김려(金鑢)의 ≪우해이어보(牛海異魚譜)≫에는 이 골의 모양새가 기왓골을 닮았다 하여 와농자(瓦壟子)라 적었다. 정약전(丁若銓 1758~1816)의 ≪자산어보(玆山魚譜)≫에 고막·고막조개·안다미조개라고도 하며, 한자어로는 감·복로(伏老)·괴합(魁蛤) 등으로 불린다. 살이 노랗고 맛이 달다고 했고, ≪신증동국여지승람(新增東國輿地勝覽)≫에도 전라도의 토산물로 기록되어 있다.

꼬막은 9~10월에 산란하며 모래, 진흙 속에 산다. 아시아 연안의 개흙 바닥에 많이 난다. 살은 연하고 붉은 피가 있으며 맛이 매우 좋아 통조림으로 가공하거나 말려서 먹는다. 한국에서는 꼬막을 삶아서 양념에 무쳐먹는데, 쫄깃한 맛이 특징이다.

꼬막 중에서도 벌교산이 최고로 대접받는 것은 벌교 앞바다의 지리적 특성 때문이다. 고흥반도와 여수반도가 감싸는 벌교 앞바다 여자만(汝自灣)의 갯벌은 모래가 섞이지 않는데다 오염되지 않아 꼬막 서식에는 최적의 조건을 갖추고 있다. 2005년 해양수산부(현재 국토해양부)는 여자만 갯벌을 우리나라에서 상태가 가장 좋다고 발표한 바 있다.

꼬막은 다른 조개와 달리 익고 나서도 입을 꽉 다물고 있다. 성미가 급한 사람은 틈 사이로 손톱을 비집어 넣어 젖히다가 손톱이 깨진다. 이때 위 뚜껑과 아래 뚜껑이 맞물린 이음 사이에 숟가락을 들이밀어 지렛대처럼 저치면 쉽게 열 수 있다. 열린 꼬막 속에는 주황색의 살과 함께 불그레한 물이 고여 있다. 이 졸깃졸깃한 조갯살은 특별한 간을 하지 않아도 간간하고 감칠맛이 난다.

참꼬막과 새꼬막, 피조개의 세 종류의 꼬막 중에서, 진짜 꼬막이란 의미에서 '참' 자가 붙은 참꼬막은 표면에 털이 없고 졸깃졸깃한 맛이 나는 고급 종이라 제사상에 올려지기에 '제사꼬막' 이라고도 불린다. 이에 비해 껍데기 골의 폭이 좁으며 털이 나 있는 새꼬막은 조갯살이 미끈한데다 다소 맛이 떨어져 하급품으로 취급되어 '똥꼬막' 이 되었다.

꼬막류 중 최고급 종은 피조개다. 조개류를 포함한 대부분의 연체동물이 혈액 속에 구리를 함유한 hemocyanin 을 가지고 있어 푸른빛을 띠고 있지만, 희귀하게도 꼬막류는 철을 함유한 hemoglobin을 가지고 있어 빛깔이 붉다. 꼬막류가 hemoglobin을 갖는 것은 산소가 부족한 갯벌에 묻혀 살기에 호흡을 위해서는 hemocyanin 보다 산소 결합력이 우수한 hemoglobin이 생존에 유리하기 때문이다.

피조개라 이름 붙은 것은 참꼬막과 새꼬막에 비해 현저하게 많은 양의 붉은 피를 볼 수 있기 때문이다. 피조개는 조가비를 벌리고 조갯살을 발라내면 붉은 피가 뚝뚝 떨어진다. 산란기 전인 겨울철에 채취한 것은 피와 조갯살을 날것으로 먹을 수 있지만 간혹 조개류를 날것으로 먹을 때 오는 vibrio 패혈증에 감염되어 고생하는 예가 심심치 않게 보도되곤 한다.

필자가 광주조선치대에 근무할 당시에 놀란 것 중 하나가 전라도 사람들의 꼬막에 대한 사랑(?)이었다. 광주의 어느 식당에 가더라도 음식을 시켜놓고 주된 음식이 나올 때까지 기다리는 동안 심심풀이로 꼬막 삶은 것이 거의 고정적으로 몇 접시 씩 제공된다. 삶은 꼬막과 어느 횟집에서나 거의 예외 없이 나오는 피조개 회와 작은 종지에 담겨 나오던 피조개의 피는 꼬막에 대한 사전 지식이 없던 필자를 놀라게 하기에 모자람이 없었다. 특히 꼬막의 피가 몸에 좋다고 하여 인기가 있었다.

사실 요즈음에야 전국이 일일 생활권이 되어 특산물을 언제 어디서나 계절에 관계없이 접할 수 있게 되었다. 그렇지만 필자가 조선치대에서 교직의 길을 걷기 시작한 70년대 말만 해도 중부 이북 사람들 중에서 필자를 위시하여 꼬막, 피조개 구경은 물론이거니와 들어 보지도 못한 사람들이 상당히 많았을 것이다. 그 때는 꼬막이 너무 흔하여 그 조개가 벌교의 특산이고 아낙네들이 갯벌을 누벼서 그리도 어렵게 잡아 왔다는 사실을 후에 알고 보잘 것 없다고 생각했던 꼬막에 대한 필자의 무지가 새삼 미안(?)했다.

꼬막은 졸깃졸깃하면서도 달달한 맛이 기가 막혀서 통조림이나, 가공하여 말려 먹거나 삶아서 양념에 무쳐먹는다. 남도 어디에서나 즐길 수 있지만 특히 보성 벌교읍의 특산물로 이곳의 꼬막정식은 손꼽히고 있다.

꽁치 : DHA와 EPA 성분 콜레스테롤 감소

꽁치는 동갈치목 동갈치과(꽁치과)의 물고기로 미국과 우리나라 등 아시아 사이의 북태평양 해역에 널리 분포하는 등푸른 생선으로서 학명은 Cololabis saira Brevoort, 1856이며 영명은 Mackerel Pike, Saury로 불포화 지방산 오메가-3가 가장 많이 든 생선이다. 꽁치는 그물에서 건져 올리면 금방 죽기 때문에 산 채로 잡는 건 거의 불가능하다고 한다. 그래서 어부들이 항상 "성질 급한 물고기"라고 부른다. 꽁치는 원래 우리나라 주요 전통 어업의 대상이 아니었었다. 꽁치는 우리나라에서 상당히 오래 전부터 어획되고 있었던 것으로 추측된다. ≪자산어보(玆山魚譜)≫에 '소비추(酥鼻鯫) 속명 공멸(工蔑)'이라는 것이 실려 있는데, 이것이 꽁치로 추측되기는 하나 확실하지 않다.

그 설명에 "큰 놈이 5~6촌"이라고 하였는데, 이는 주척(周尺)을 기준으로 한 것이므로 10여㎝에 불과한 것이 된다. 현재 신안에서는 꽁치를 '공멸'이라 하고 있다. 그러나 ≪임원십육지≫에 보이는 공어(貢魚)는 오늘날의 꽁치를 설명한 것으로 여겨진다. 꽁치어업에 대한 어법이나 어획에 대한 기록도 드물며 조선시대를 거쳐 일제강점기 초기까지도 꽁치는 거의 잡지 않았다.

유망이 꽁치어업의 주어구로 등장하기 전까지 타 어구에 잡히는 것을 제외하고는 주로 '손꽁치' 잡이에 의하여 어획되었다. 울릉도 지방의 특산물로 꽁치의 산란철인 5월에 뗏목 같은 작은 배를 타고 나가서 해초 군락에 알을 낳으러 몰려드는 꽁치를 손으로 잡는 방법으로 마땅한 해초가 없으면 어부들은 배에 해초를 따로 싣고 나가서 바다에 던져 넣기도 했다. 그물로 잡는 것에 비해 생선이 상하는 정도가 적어서 더 고급으로 여겨졌으며 맛도 더 좋았다고 한다. 그러나 2010년대에 들어서는 꽁치 어획량이 너무 줄어들어 복원 자체가 어려운 상황이다.

꽁치는 경상북도 포항시 구룡포의 명물인 과메기의 재료로 쓰인다. 과거에는 과메기를 꽁치와 청어로 만들었는데, 청어 어획량이 줄어들면서 꽁치 과메기만 남게 되었다. 이 과메기가 전국적으로 유명해지면서 매년 겨울마다 포항시 어민들의 커다란 수입원이 되고 있다. 과메기는 지방 함유량은 높지만 대부분이 불포화지방산 오메가-3라서 영양 가치가 높다. 최근엔 꽁치의 어획량이 줄어들고 오히려 청어의 어획량이 크게 늘어나면서 다시 청어 과메기가 늘어나고 있다.

고등어, 삼치 등과 함께 대표적 등 푸른 생선 중 하나인 꽁치에는 오메가3 불포화지방산이 다량으로 함유되어 있다. 이 오메가3 성분에 들어있는 DHA와 EPA 성분이 혈액 내 콜레스테롤 수치를 감소시키고 심장병, 심근경색 등의 심혈관질환을 예방하는데 많은 도움을 준다.

꽁치에 다량 함유된 DHA 성분은 뇌기능 활성화에 탁월한 효능이 있는 성분이라고 알려져 있다. DHA 성분이 뇌세포 활성화에 도움을 주어 뇌건강에 좋을 뿐 아니라 인지능력 및 기억력 등의 뇌기능 향상에도 좋은 도움을 주어 치매를 예방하는데도 뛰어난 효능이 있다.

꽁치에는 우리 몸에서 에너지 생성에 많은 도움을 주는 성분인 비타민B1, 비타민B2가 함유되어 있기 때문에 피로를 회복시켜 준다. 또한 면역력 강화에 뛰어난 작용을 하는 비타민D 성분이 다량 함유되어 있어 신진대사를 촉진시키고, 혈액의 흐름에 도움을 주어 면역체계 개선하고, 체내 면역력을 증강시키는데 도움을 준다. 또한 꽁치에 들어있는 비타민B1, 비타민B2 성분이 적혈구의 생성을 돕고, 혈액을 통한 체내 산소의 공급을 원활하게 해줌으로써 빈혈을 예방하고 증상개선에 도움을 주며 꽁치에는 칼슘 성분이 함유되어 있어서 골밀도 강화 및 뼈를 튼튼하게 하는데 도움을 주며 및 성장기 어린이의 골격 형성에도 뛰어난 효과가 있다.

통조림 하면 꽁치와 고등어 통조림을 연상할 정도로 우리에게 잘 알려진 생선이다. 필자는 군에 입대하여 군의학교에서 9주 훈련 후 대위로 임관 하여 서부 전선 00사단에서 군생활을 시작하였다. 이 부대의 전 대위들은 병과에 관계없이 사단 신병교육대에서 일 년에 일주일을 영내 대기 하면서 매일 새벽 10km에 이르는 구보에 이어 사격, 태권도, 지휘법, 대대공격, 대대 방어 등의 교육을 받아야만 하였다.

교육대상자들은 매주 일요일 저녁 신병교육대에 입소하여 일주일간 교육을 받고 교육이 끝나는 토요일 오전 사단 신병교육대 식당에 전 교육생이 모여서 사단장 입회하에 취사병이 심혈(?)을 기울인 얼큰한 꽁치 김치찌개에 새우깡을 안주 삼아 군대PX소주를 마시면서 수료식을 하였었다.

사단장은 술이 몇 잔 들어가 얼굴이 붉어질 때쯤이면 교육생인 중대장급 대위들에게 반동 중에 군가를 시켜 주흥을 돋우고(?), 교육생들의 주먹쥔 손을 앞으로 향하게 하여 사단장은 일일이 손을 만져 보면서 정권 단련 정도를 검사(?)하였었다. 당시 먹어 보았던 매콤했던 꽁치 김치찌개는 아련한 군대생활을 회상하게 한다.

꽃게 : 봄가을에 맛좋고 글루탐산 함량 풍부

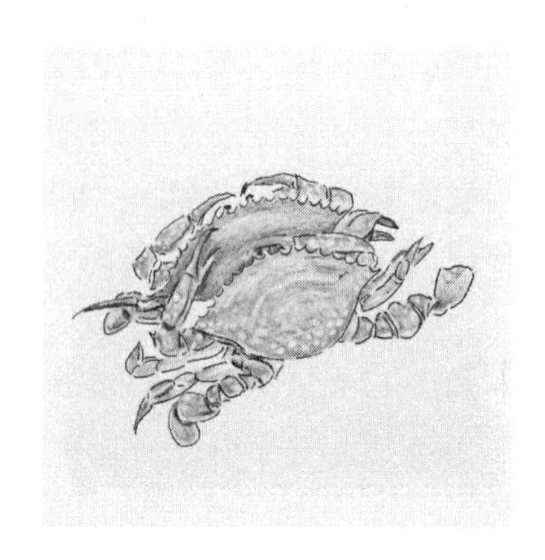

꽃게속 꽃게과에 속하는 동물로 학명은 Portunus trituberculatus Miers, 1876이다. 꽃게(Portunus trituberculatus)는 십각 목, 꽃게과에 속하는 해양동물로 수심 20~30m에서 서식한다. 꽃게는 등딱지 길이 8~9cm, 폭은 16~19cm 내외이고 몸은 전체적으로 마름모 꼴이다. 이마에는 양 눈앞가시 사이에 가시가 2개 있으며, 집게다리 긴 마디의 안쪽인 앞 모서리에 예리한 가시가 네 개 있다. 집게발이 강대하고 멀리 이동도 한다. 넷째 다리가 푸른빛을 띤

암자색 바탕에 흰구름 무늬가 있어 아름다우며 노처럼 납작한데, 이를 유영지라고 하며 이것으로 물을 휘저어서 수영한다. 생각보다 엄청 빠르기 때문에 영어로는 Swimming crab이라고 부른다.

6~7월에 알을 낳고 얕은 바다의 모래땅에 군서 생활을 한다. 깊이 20~30m 되는 바다 밑의 모래나 개펄 속에 살며 몸 구조가 모래가 깔려있는 곳에서 살기 적합하다. 낮에는 주로 모래 속에 숨어 눈만 내밀고 있다가 밤에는 튀어나와 지나가는 작은 물고기를 잡아먹기도 하는 야행성 동물로 수명은 2~3년이며 성장이 빠르다. 한국, 중국, 일본, 인도, 인도네시아, 호주 등 주로 태평양 동쪽 바닷가에 많이 분포한다.

꽃게는 단백질이 풍부하고, 타우린(taurine)과 같은 양질의 아미노산과 칼슘, 철분, 아연, 칼륨 등과 같은 무기질, 오메가-3 지방산 조성이 높으며, 저열량 식품이어서, 영양적으로 의미가 있는 주요 식품소재이다. 게에 함유된 키토산 성분은 지방 흡착과 이뇨작용에 효능이 뛰어난 것으로 알려져 있다.

키토산이란 게나, 가재, 새우 껍데기에서 추출되는 천연 다당류로 키토산의 원료가 되는 갑각류 껍데기를 구성하는 키틴질은 식물성 섬유소인 세룰로스 다음으로 많이 발굴되는 천연자원이다. 키토산의 약효는 이미 과학적으로 입증되어 지혈작용뿐 아니라 인체 면역체계에도 작용, 유방암 등 일부 암 질환에도 좋은 효과를 발휘하는 것으로 밝혀져 있다. 뿐만 아니라 꽃게는 산란기(6-8월)를 벗어난 봄과 가을에 글루탐산과 같은 함량이 많아 맛이 뛰어나 소비자들로부터 선호받고 있으며 한국에서는 계절에 관계없이 언제나 시장에서 볼 수 있다.

국내에선 서해안에서 많이 잡히며 연평도 꽃게가 유명한데, 사실 한국인들이 게하면 보통 떠올리는 게 꽃게일 정도로 매우 흔하다. 국물을 내는데 쓰기도 하고, 탕, 찜으로 이용되었으나 최근 매큼한 게장, 간장게장 등이 개발되어 다량이 내수용으로 판매되고 있을 뿐 아니라, 중국 및 일본 등의 국가에도 수출되고 있어, 산업적 가치가 아주 높은 주요 수산자원 중의 하나이다. 이렇게 다양하게 이용되므로 자원 고갈을 우려하여 국내에서는 꽃게의 산란기인 6월 중순~8월 중순쯤까진 어획을 금지하는 금어기를 지정하였다.

꽃게의 본이름은 '곶게' 라고 한다. 곶은 육지에서 바다로 뻗어 나온 모양을 한 곳을 가리킨다. 또 곶은 꼬챙이의 옛말이기도 하다. 실학자 이익(李瀷)은 성호사설(星湖僿說)에서 꽃게의 어원을 이렇게 풀어 놓고 있다. "유모라는 것은 바다에 사는 커다란 게인데 색은 붉고 껍데기에 각이진 가시가 있다. 세속에서 부르는 이름은 곶해(串蟹) 즉 곶게인데 등딱지에 두 개의 꼬챙이(串)처럼 뿔이 있기 때문이다." 유모는 게 중에서도 바다에 사는 꽃게를 가리키는 한자어로 등딱지에 꼬챙이처럼 두 개의 뿔이 솟아 있어 곶게로 불리다가 지금의 꽃게가 되었다고 한다. 또한 게는 정약전(丁若銓)의 ≪자산어보(玆山魚譜)≫와 서유구(徐有榘) 의 ≪전어지(佃漁志)≫에서 개류(介類)에 속하는 것으로 기록하였으며, 유희(柳僖)

의 ≪물명고(物名攷)≫에서는 개충(介蟲)에 속하는 것으로 기록되어 있다.

필자는 수련을 마친 후 군입대하여 서부전선 최전방 부대 의 무대에서 군 생활을 하였다. 치과에서는 SP crown을 때려서 가끔은 푼돈이 생겼는데 이때는 호주머니 가벼운 치과 군의관들이 금촌의 매운탕 골목에까지 진출(?)하여 소주병 깨나 축 냈었다. 얼큰한 해산물 찌개에 발갛게 익은 꽃게 등딱지를 빨아 먹던 기억이 생생하다. 거기에 간장 게장의 꽃게 등딱지에 노란 알에 참기름을 몇 방울 친 쪼롬하면서도 고소한 비빔밥은 가히 밥도둑으로 우리를 행복하게 하기에 부족함이 없었다. 그 당시는 꽃게도 그리 흔치 않은 별식이었었다. 지금도 꽃게 철이면 우리 식탁에 매큼한 간장게장이 빠지지 않는다.

2006년 장기 연수로 미국 Baltimore의 Maryland 치대에 다녀 온 일이 있었다. 이 메릴랜드 주의 명물이 바로 게, '블루 크랩(Blue Crab)' 으로 집게발이 사파이어처럼 푸른빛을 띠고 있어 블루크랩이라는 이름이 붙었는데 등껍질은 한국의 꽃게 비슷한 색깔이었다. Maryland 대학의 의학 도서관의 건축물이 하늘에서 보면 게의 모양을 형상화 했을 정도이고 학생회 행사에서 조차도 게 탈을 쓴 공연이 빠지지 않을 정도로 Blue crab이 유명하였다.

blue crab에 Old bay seasoning(우리의 라면 스프와 curry 가루를 합친 맛)이라는 향신료를 발라 고압수증기에 찐 게의 맛은 짭쪼름하여 맥주를 부르기에는 더할 나위가 없었다. 재미있는 것은 미국 사람들은 암케는 살이 없다고 하여 먹지 않는다는 것이다. 덕분에 동양인의 Market에서는 bushel에 담긴 산게를 싼가격에 구하여 찜으로 탕으로 부담없이 즐길 수 있었다. 꽃게는 아니지만 blue crab으로 비싼 꽃게에 대한 대리만족(?)을 원 없이 하고 돌아 왔다.

낙지 : 자양 강장 성분 풍부하게 함유

육칠십년대 젊은이들은 무교동 낙지 골목에 관한 아련한 추억을 많이 갖고 있다. 지금은 재개발되어 원래의 낙지 골목은 빌딩과 지하철에 밀리면서 그 위세가 많이 줄어 겨우 명맥을 유지하고 있지만…. 특별하게 낙지의 맛에 매료되었다기보다 다른 안주보다 상대적으로 헐한 가격이라 주머니가 가벼운 서민들을 쉽게 부르지 않았을까 생각된다. 그 당시의 종로에서의 젊은이들 술자리는 무교동 낙지 골목을 거치는 것이 거의 고정적인 수준이었다.

76년 대학 졸업 후 수련을 마치고 군 입대를 앞둔 며칠 전 모교의 서클 후배들이 종로의 한일관(?)인가에서 입대 환송회식 자리를 마련해 주었다. 모두들 술에 거나할 즈음 입대하기 전에 꼭 무교동 낙지집을 들러야 한다는 후배들의 강권(?)에 배도 부르고 별로 당기지도 않았는데 '낙지집'을 방문하였다. 후배 오명섭 선생(지금 LA에서 개업)이 군 입대 후 "훈련 받으실 때 매콤한 낙지 한 점 생각날거요"하는 그 말을 그 당시는 가벼이 들어 넘겼다. 아닌게 아니라 며칠 후 군에 입대하여 후보생시절 가끔씩 매콤한 낙지볶음에 소주 한 잔이 간절히 생각났었다.

낙지는 전라도 해안가 갯벌 어디에서든지 자라지만 특히 장흥 득량만에서 생산되는 낙지를 맛에서 최고로 치고 있다. 낙지는 그물로도 잡지만 갯벌에서 잡은 것이 감칠맛이 나서 상급으로 친다. 소설가 이청준은 장흥 회진이 고향으로 지천에 깔린 갯벌의 낙지 등을 즐겨 먹었나 보다. 이청준이 광주에 유학할 당시에 신세지는 집에 보답할 것은 없고 해서 고향의 특산물로 낙지를 가지고 왔다. 오뉴월 염천 더운 날씨에 새벽부터 어머니가 뻘에서 잡아 보낸 낙지가 정작 광주에 왔을 때는 상하고 냄새가 진동하여 신세진 집 누나가 무심히 버릴 수밖에 없었다. 어머니의 정성도 물거품이 된 애절한 마음을 그리고 있다.

조선치대에 근무할 당시 하루는 구강외과에 치료받는 환자가 세발낙지를 양동이에 하나 가득 가지고 와서 근무 시간이 끝난 후 온 치과병원이 세발낙지 잔치를 벌인 일이 있었다.

낙지는 문어과에 속하는 연체동물이다. 우리나라 전라남북도 해안과 중국, 일본의 연해에 분포하며, 얕은 바다 돌 틈과 진흙 속에 숨어서 산다.

한자어로는 보통 석거(石距)라 하고, 소팔초어(小八梢魚)·장어(章魚)·장거어(章擧魚)·낙제(絡蹄)·낙체(絡締)라고도 하였다. 방언으로는 낙자·낙짜·낙쭈·낙찌·낙치라고 한다. 학명은 Octopus variabilis SASAKI(1920)이다. 우리나라 전 연안에 분포하며 진흙 갯벌 조간대 하부에서부터 수심 100m 전후의 깊이까지 다양한 저질 바닥에서 발견되는, 다리를 포함한 몸통길이 30cm 전후의 중형 문어류이다. 다리는 8개인데 몸집에 비하여 매우 길며 가지런하지는 않다. 몸의 표면에 불규칙한 돌기가 있으나 거의 매끈하다.

살아 있을 때 자극을 받지 않은 보통의 상태에서 몸통이 전체적으로 짙거나 옅은 회색을 띠지만 자극을 받으면 검붉은 색 등의 다양한 색깔로 위장하거나 위협 색을 나타낸다. 각각의 서식 해역과 환경에 따른 다양한 변종(또는 아종)들이 많이 알려져 있으며 부화 시기와 서식 환경에 따라 최대 크기도 다양하다.

둥근 주머니 같은 몸통 안에 각종 장기가 들어 있고, 몸통과 다리 사이의 머리에 뇌와 한 쌍의 눈, 입처럼 보이는 깔때기가 위치한다. 다리에는 1, 2열의 흡판이 달려 있다. 다리 가운데 입이 있으며 날카로운 악판(顎板 : 연체동물의 인두 안에 있는 턱)이 들어 있다.

≪자산어보≫에서는 "살이 희고 맛은 달콤하고 좋으며, 회와 국 및 포를 만들기에 좋다. 이것을 먹으면 사람의 원기를 돋운다"고 하였고, ≪동의보감≫에서는 "성(性)이 평(平)하고 맛이 달며 독이 없다"고 하였다.

낙지는 자양강장 성분인 타우린과 단백질, 비타민 B2, 인, 철 등의 무기질 성분을 풍부하게 함유한 대표적인 저 칼로리 스태미나 식품으로, 기력 회복과 빈혈 예방에 특히 효능이 있는 것으로 알려져 있다. 요즈음도 식용으로 볶음, 회, 가을철 김장할 때 소로 쓰인다. 세발낙지로 끓인 연포탕에 청양고추의 칼칼함을 더한 시원한 맛은 미각을 자극하기에 충분하다.

산낙지를 통째로 머리부터 씹으며 즐기는 풍습이 있다. 특히 연로하신 분들이 산낙지를 통째로 잡수시다가 질식사 하였다는 기사가 한여름이면 지방신문에 가끔씩 나기도 한다. 하지만 착착 감기는 낙지의 빨판을 혀로 떼어 내면서 씹는 고소한 맛이 기가 막혀 질식사의 위험을 감수(?)하면서도 즐기는지 모르겠다.

질식사의 위험에서 좀 벗어나려면 산 낙지를 잘게 잘라 아직 살아서 꼬물대는 것을 기름소금에 찍어 먹는 맛 또한 기가 막히다. 산 것을 먹는데 대해 거부감을 가진 분이라면 낙지 머리를 젓가락에 끼워 다리를 돌돌 말아 불에 구워 먹는 낙지구이도 먹어볼만하다. 낙지먹물로 만든 파스타는 이태리 요리에서 별미로 친다. 낙지는 원기 회복에 탁월한 효능을 보여 오뉴월 염천 밭에서 일하다가 기력이 다하여 널부러진

소에게 산 낙지 한 마리를 입에 넣어 주면 소가 벌떡 일어난다는 전설적인 이야기가 전해오고 있다. 토라진 시어머니 방에 낙지죽을 쑤어 살며시 들여 밀면 금세 바닥을 보고 분이 풀어진다는 애교 섞인 이야기도 있다. 진정으로 낙지야 말로 오래전부터 우리와 친숙해진 어종이다.

넙치 : 양식된 게 식감 부드럽고 맛 고소해

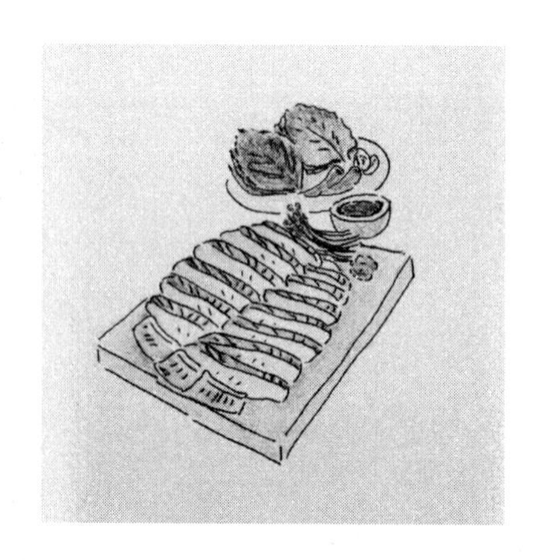

가자미목 넙치과에 속하는 바다 어류의 일종으로 광어(廣魚)라는 이름으로도 잘 알려져 있는 넙적한 물고기로 화제어(華臍魚), 비목어(比目魚) 등으로 불린다. '넙치과' 에는 '넙치속', '넙치종' 외에 다른 종들도 조금 포함되어있지만 한국에서는 넙치속 넙치종 만이 서식한다. 학명은 Paralichthys olivaceus(Temminck & Schlegel, 1846)이다. 넙치나 광어나 표준어이며 이는 우리말과 한자어의 차이이다. 자산어보(慈山漁譜)에서조차 속명을 광어라고 설명할 정도로 광어라는 말은 이미 오래 전부터 널리 쓰여왔고, 허균(許筠)은 ≪성소부부고(惺所覆瓿藁)≫에서 '광어'는 동해에서 많이 나며 가을에 말린 것이 끈끈하지 않아 좋다고 하였고, ≪세종실록≫ 6년에 의하면 '광어'를 제철에 잡아 간을 맞춰 말린 후 중국에 진헌하였다고 하였고, ≪윤씨음식법(尹氏飮食法)≫과 ≪산림경제(山林經濟)≫에도 광어에 대한 기록이 있다.

넙치라는 명칭도 적지 않게 쓰이지만, 흔히 횟감으로 쓰일 때는 습관적으로 광어회라고 불리는 듯하다. 국립국어원 표준국어대사전에 의하면 '광어'라는 단어는 '넙치'를 가리키는 단어임과 동시에 짜개어 말린 넙치라는 의미도 지니고 있다. 즉 '넙치'가 주로 생물학적 종을 가리키는 데에 반해 '광어'는 식용으로서의 의미로 흔히 사용되고 있다.

광어는 우리나라, 일본, 중국 등지를 포함한 태평양 서부 지역에 분포해 있으며, 수심 10~200m 사이에 위치한 모래 바닥에 주로 서식한다. 광어는 먼 거리를 이동하기에는 신체조건이 맞지 않으며 국내에서는 계절에 따라 소규모 이동을 한다. 몸길이는 보통 40cm 정도 나가며 최대 103cm까지 자란 개체가 보고되기도 하였다. 이러한 넙치는 보통 몸무게가 약 9kg 정도 나간다. 왼쪽 면의 색깔은 황갈색 바탕에 흰점과 검은 점이 산재해 있어서 모래 바닥에 있으면 감쪽같이 의태할 수 있다. '왼넙치 오른가자미'라는 말처럼 눈이 넙치 기준으로 입의 왼쪽에 몰려있으며, 가자미과 중 유명한 도다리속을 여기에 대입하여 '좌광우도'라고 부르기도 한다. 그러나 예외도 있어 강도다리의 경우 가자미과이지만 넙치과처럼 왼쪽으로 눈이 몰려있다. 다행히 강도다리는 지느러미에 특유의 띠 무늬인 검은점이 있어 구분이 쉽다.

넙치의 눈은 태어날 때부터 이렇게 생긴 것은 아니다. 치어는 성체 넙치와는 다르게 모래 바닥에 살지 않으며 다른 물고기들처럼 수중을 유영하며 먹이 활동을 한다. 치어는 성장하면서 눈이 점점 한 쪽으로 몰리게 되고 이후 성체는 모래 바닥에 누운 상태로 지내게 된다. 눈이 위치할 수 있는 두 가지의 경우의 수 중, 눈이 자리한 위치도 제각각이어서 오른쪽에 눈이 위치한 개체들이 있는가 하면 같은 종인데도 눈 위치가 반대쪽인 개체도 많다고 한다.

산란은 2월에서 6월 사이에 진행되며 암초 지역이나 자갈이 많은 지역에서 산란을 개시한다. 한 번에 14만~40만 개의 알을 낳는다. 알집은 몸에 비해 크지 않지만 맛있는 편이다.
넙치는 대한민국과 일본에서 생선 횟감으로 가장 인기 많은 생선이다. 참돔과 더불어 감칠맛과 향이 강한 흰살 생선이며, 따라서 맛과 향을 중시하는 일본인들이 고급 횟감으로 취급하는 경향이 있다. 넙치는 회를 뜨고 나서 6시간 가량 숙성시켜 선어회로 먹으면 넙치의 참맛을 경험할 수 있다.

넙치의 모든 부위에서 별미로 여겨지는 부위는 일본어로 '엔가와' 와 '엔삐라' /*えんがわ*[縁*がわ*·縁側]/ 광어 지느러미 살인데, 해부학 용어인 담기골(擔鰭骨)살이라고 부르기도 한다. 이 부위는 지방 함량이 높아 식감이 부드럽고 매우 고소하다. 흔히 넙치는 자연산보다 양식된 넙치의 맛이 뛰어나다.

국내에서 넙치가 가장 인기 있는 횟감인 이유로는, 머리가 작고 내장이 작으며, 뼈도 몸 중심과 지느러미에만 있기 때문에 같은 무게에서 다른 생선에 비해 가장 많은 살이 나오기 때문이며, 감칠맛 부분에서도 넙치를 따라갈 생선이 없었다고 한다.

자연산은 거친 해표면 위에서 서식한 덕에 살이 거칠기 때문에 양식산에 비해 맛이 떨어진다는 의견이 있지만, 실제로는 자연산이 더 쫄깃하다. 대개의 횟집에서 자연산 광어라고 파는 광어의 90% 정도가 실제로는 양식산이라고 한다. 광어의 조리법으로는 우리에게 잘 알려져 있는 회와 탕뿐 아니라 흰살생선 특유의 담백한 맛을 다른 조리법으로도 즐길 수 있는 맛이 뛰어난 생선이다. 광어는 회, 물회, 회무침, 광어조림, 광어찜, 광어구이, 광어 스테이크, 광어매운탕, 광어튀김, 광어미역국 등으로 다양하게 서민들의 입맛을 사로잡고 있다.

광어는 저탄수화물 저지방 고단백의 이유로 많이 먹는 닭가슴살과 단위당 단백질의 함량이 흡사하며 칼로리 또한 상당히 낮은 편이다. 다이어트 생선으로 보면 연어나 고등어를 떠올리는데 이들은 광어에 비해 비교적 지방 함량과 칼로리가 높아 광어를 선호 한다. 요즈음은 양식 광어가 비교적 저렴한 가격에 유통되므로 서민들도 쫄깃한 광어회를 즐길 수 있는 세상이 되었다. 역시 우리나라는 참(?) 좋은 나라다!.

농어 : 표면의 까칠함과 진득한 식감이 특징

농어는 농어목 농어과에 속하는 어류의 일종으로 학명은 Lateolabrax japonicus G. Cuvier, 1828이다. 농어의 이름은 원래 '농어(農魚)'가 아니라, 몸이 검다는 의미로 붙인 '노어(盧魚)'가 변형되어 농어라는 이름이 되었다고 한다. 일반 농어와 별개의 종으로 분류되었던 점농어(Lateolabrax maculatus)는 농어의 동종이명으로 알려져 있다.

농어는 지방에 따라 농에(경남통영), 까치맥이(부산)라고 불리며, 농어의 새끼, 또는 몸집이 작은 농어를 순우리말로 깔따구, 껄떡이 등이라고 하며 바다 루어낚시의 대상종이다. 농어는 한국과 대만, 일본, 중국 해역에서 서식한다. 봄~여름에는 얕은 바다로 모이고, 가을이 되어 날씨가 쌀쌀해지면 번식을 하고 깊은 바다로 이동한다.

어린 시절에는 서식하는 환경이 다양한데 담수를 좋아하여 연안이나 강 하구까지 거슬러 올라오기도 한다. 몸길이는 평균 1m 정도까지 자라며 30cm 이하는 포획이 금지되어 있다. 옆줄은 몸 중앙보다 약간 등 쪽에 있으며 꼬리지느러미까지 거의 일직선으로 뻗어 있다. 몸의 등쪽은 푸른색을 띠며 옆줄을 경계로 밝아져서 배 쪽은 은백색을 띤다. 어릴 때에는 옆구리와 등지느러미에 작고 검은 점이 많이 흩어져 있으나, 자라면서 검은 점의 수가 적어진다.

우리나라 서해에서 서식하는 농어는 성장한 후에도 비교적 큰 검은 점이 있다. 등지느러미와 뒷지느러미에 뾰족한 가시가 있으며, 등지느러미에는 작고 어두운 갈색의 둥근 무늬 두세 개가 나타난다. 몸과 머리는 뒷가장자리에 가시가 있는 빗 모양의 작은 비늘로 덮였다. 입은 크고 아래턱은 위턱보다 약간 길다. 몸은 회백색이며 등쪽이 더 진하다.

농어는 가을에서 이듬해 겨울까지 번식을 한다. 알은 수면 가까이 떠다니며 4~5일 정도가 되면 새끼가 부화한다. 완전히 성숙하는 데에 약 1년 정도가 걸린다. 농어는 거의 대부분 식용으로 사용되는데 "오뉴월에는 농엇국이 최고"라는 옛말이 있을 정도로 여름에 많이 잡히는데 7~8월이 제철이다. 그러나 근간에는 양식 농어가 이용되기도 한다.

농어는 한국에서 요리재료로 가장 흔하게 쓰이는 고등어나 횟감으로 잘 쓰는 광어에 비해서 흔히 먹는 생선은 아니다. 오히려 외국에서 진짜 인기가 좋아서 유명 식당들에서 흔히 다루는 생선이고 일반 가정에서도 연어와 더불어 흔하게 쓰인다. 농어는 살이 희며, 어린 고기보다는 성장한 고기일수록 맛이 좋다.

정약전의 '자산어보'에 의하면 "큰 것은 길이가 1장(丈) 정도이고, 몸은 둥글고 길며 살찐 것은 머리가 작고 입이 크다. 비늘이 잘고 아가미는 이중으로 되어 있는데, 엷고 취약하여 낚시에 꿰이면 찢어지기 쉽다고 하였다. 맛은 좋고 산뜻하며 장마 때나 물이 넘칠 때 바닷물과 민물이 합치는 곳에 가서 낚시를 던지고 곧 끌어올리면 농어가 따라와서 낚시를 삼킨다"고 하였다. 이러한 낚시법은 요즘 가짜 미끼를 던져 농어를 잡는 루어낚시와 유사하다.

농어가 우리나라에서 인기가 덜 한 이유는 일단 식감이 비교적 무르기 때문이다. 그러나 주방장의 실력에 따라 잘 처리하여 얼음물 등을 이용해서 사후강직을 극대화시키고 잘 드는 칼로 결대로 잘 썰어내면 표면의 까칠함과 농어 특유의 진득한 식감이 더해져서 농어 고유한 맛을 즐길 수 있다.
농어는 회 '맛'에 민감한 부산광역시, 목포시, 여수시 등지에서도 즐겨 먹는 생선이다. 그 맛에 비해 양식 농어는 가격도 비싸지 않으므로 모둠회로 즐길 수 있고, 맑은 탕, 찜, 회, 초밥, 소금구이 등으로 미식가들의 입맛을 사로잡고 있다.

오래전 필자가 광주 조선치대에 몸담고 있을 시절 이제는 작고하신 조영필 교수님과 동료 교수들과 함께 전남 함평군 주포로 바다낚시를 자주 가곤 하였다. 이른 새벽 동트기 전에 물때에 맞추어서 밀물이 들어왔을 때 낚시 배를 타고 물이 쓸 때 바다에 나가서 다음 밀물이 들어올 때까지 12시간 동안 바다에서 종일 낚시질을 할 수밖에 없었다. 만일 중간에 무슨 일이라도 있어서 일찍 들어올라치면 조수 간만의 차이로 바닷물이 나갔기 때문에 수 백 미터나 드러난 갯벌을 정강이까지 푹푹 빠지면서 걸어와야만 하였다.

오뉴월 초봄이면 농어 새끼인 깔다구가 낚싯대를 넣기 바쁘게 잡히는데 필자같이 '선무당' 인 낚시꾼에게도 용왕님(?)이 은혜를 베푸시어 깔다구 특유의 손맛을 만끽할 수 있었다. 배 위에서의 깔다구회를 안주 삼은 소주가 동이 나고 다음 밀물 때에 선창가 선술집에서 잡은 농어로 회를 치고 매운탕을 끓인 그 맛이 기가 막혔었다. 만일 어황(?)이 좋지 않으면 근처 새우 양식장에서 새우를 조달하여 바구니를 풍성(?)하게 하여 귀가 후의 가족에게 체면치레(?)를 하였었다.

어느 해 봄, 교실 의국원 선생님들과 함평군 주포에 바다낚시를 간 일이 있었는데, 낚시질 후 밀물 때에 선창가 횟집에서 그날의 생선을 안주 삼아 술판이 벌어졌다. 주인 아주머님이 우리 일행 중 다른 배에 탔던 선생님들이 택시를 타고 왔다는 것이다. "그 택시는 바다 위를 달리나?"하며 창밖을 보니 아! 글쎄! 우리 일행 중 한 팀이 배의 screw가 바다 가운데서 빠져서 선장이 가까스로 근처 인접군의 해안에 배를 대어 택시를 타고 왔다는 것이다. 그날 이후 '바다를 달리는 택시' 는 한참동안 우리 일행 간에 회자되었었다.

대구 : 뽈 굳은살 쫄깃한 사랑의 맛 듬뿍

대구는 고기를 식용으로 하고 간에서 지방유를 뽑아내는 생선이다. 아이슬란드와 영국 사이에 대구가 많이 나는 지역을 두고 대구 전쟁(The Cod Wars, 1958~1976)이라는 군사적 충돌까지 일어났으며, 그 전쟁이 세 번의 줄다리기를 거듭했다는 점에서 비춰볼 때 특별한 생선이라 할 수 있다. 대구어는 입이 큰 생선이라해서 대구어(大口魚)라 부르고, 머리가 커서 대두어(大頭魚)라고도 한다. 입이 큰 만큼 대구어는 식성이 좋아 닥치는 대로 먹어 치운다. 대구는 대구목 대구과에 속하는 생선으로 학명은 Gadus macrocephalus Tilesius, 1810 이다.

몸이 얇고 넓으며, 앞쪽이 둥글다. 몸 빛깔은 회색에서 붉은색, 갈색, 검은색에 이르기까지 다양하며, 몸길이는 일반적으로 1m 미만이고 무게는 1.5~9kg 정도이다. 등지느러미와 옆구리에는 모양이 고르지 않은 많은 반점과 물결 모양의 선이 있다. 주둥이는 둔하고 입은 크며 위턱 후골은 동공의 앞 밑에 이르고 양 턱과 서골에는 억센 빗살 모양의 좁은 이빨띠가 있다.

대구어는 한대성(寒帶性) 심해어(深海魚)로 겨울철 산란기(産卵期)에 내만(內灣)으로 옮겨 오는데, 동해 뿐 아니라 서해, 남해, 오츠크해, 베링해, 미국 오리건주 연안까지 분포되어 서식하고 있다. 수심 45~450m나 150m 내외에 많다. 산란기는 12~2월로 연안의 얕은 바다로 회유하며 어류·갑각류 등을 먹으며 때로는 제 새끼를 잡아먹을 때도 있다.

유럽 일대의 대구는 대서양 대구(Atlantic cod=Gadus morhua Linnaeus)이고 한국에서 잡히는 대구는 태평양 대구(Pacific cod=Gadus macrocephalus)로 서양 대구는 크기가 사람 몸통만한 것이 잡힌다. 중세~근대 초만 해도 청어처럼 흔한 단백질 공급원으로 매우 중요시되었다. 살에 기름기가 없어 말려서 보존하기가 매우 쉬웠고, 문명 초기부터 대구 가공 산업이 융성했다. 대구는 배를 갈라 소금으로 간을 한 후 말리면 오랫동안 저장할 수 있다. 또한 비타민A와 비타민

D가 풍부한 대구 간유의 원료로 쓰인다. 대구는 지방은 적으면서 비타민과 아미노산, 칼슘, 철분까지 고루 함유하고 있는데 특히 비타민 A와 비타민 B1, 비타민 B2가 많이 함유되어 있다.

대구가 흔했던 시절, 서·북유럽에서는 바다의 빵이라는 말까지 나올 정도로 말린 대구는 거의 일상적으로 먹는 음식으로 바칼라오(bacalao), 루테피스크(Lutefisk), 퇴르 피스크(TØrrfisk) 등의 이름으로 각국에서 사랑을 받아 왔다. 특히 포르투갈 사람들이 대구를 좋아하며, 매일 먹어도 질리지 않도록 대략 수백에서 1000가지의 요리법이 있을 정도로 대중적이라서 "포르투갈 사람들은 꿈을 먹고 살고, 바칼라우를 먹고 생존한다"라는 말이 있을 지경이다. 지중해 권에서도 대구는 맛있는 물고기로 손꼽히며 ≪그리스인 조르바≫에는 소금에 절인 대구를 먹고 싶어하는 미친 수도승이 나온다. 이는 대구가 싸고 보존하기 쉽고 흔했기 때문으로 주로 말려 먹기도 하고 피시 앤드 칩스처럼 튀겨 먹기도 한다.

고문헌 기록으로는 ≪태조실록≫에서 ≪중종실록≫에 이르기까지 매년 10월 천신 품목으로 웅천의 대구어를 진상했다는 기록이 나와 있고, 1670년경에 안동장씨(安東張氏)가 쓴 ≪음식디미방(飮食)≫에 보면 대구어 껍질을 삶아서 가늘게 썰어 무친 것을 대구껍질채라 했고, 대구껍질과 파를 길게 묶어 초간장에 밀가루 즙(汁)을 한 것에 찍어 먹는 것을 대구껍질강회라 했다고 기록 되었다. 1815년께 빙허각 이씨(憑虛閣)가 쓴 ≪규합총서(閨閤叢書)≫에 의하면 대구어는 다만 동해(東海)에서 나고 중국에는 없기 때문에 그 이름이 문헌(文獻)에 없으나 중국 사람들이 진미(珍味)이며, 북도(北道) 명천(明川)의 건대구(乾大口)가 유명하다는 기록이 있다.

대구어는 겨울철에 산란을 위해 연안 내만으로 옮겨와 암수가 서로 마주 뽈(빰)을 비벼대며 화끈한 사랑을 불태운다고 한다. 짝짓기 기간 동안 비벼댄 뽈에 굳은살이 박이고 이 부분에는 쫄깃쫄깃한 사랑의 맛이 깃들여져 있어, 대구뽈찜은 연인들이 즐기기에 좋은 담백하고 화끈한 음식이라고 한다.

특히 마산지방이 대구요리가 발달하여 생(膾)으로 먹고, 말려(乾) 먹고, 국(羹) 끓여 먹고, 전(煎) 부치고, 달여(湯) 먹고, 구워(燔) 먹고, 포(脯)도 뜨고, 김치까지 넣어 먹는다고 했다. 또한 암놈 알은 생으로 먹기도 하고 쪄 먹기도 하며 수놈의 대구곤(이리:魚白)은 호르몬 덩어리로 고소하기가 이를 데 없고, 창자니, 아가미니, 심지어는 등뼈다귀까지 발라먹을 정도이고, 대구 알젓과 아가미 젓은 젓갈 중에서 상품으로 꼽혀서 입맛없을 때 대구 아가미젓 한 숟가락은 밥도둑이 따로 없을 정도이다. 대구는 인류를 위해서 그야말로 전신봉사(全身奉仕)한다고나 할까? 찬바람이 뼈 속을 스미는 겨울에 뜨끈한 대구탕 한 그릇은 서민의 뱃속을 달래기에 부족함이 없다.

도다리 : 단백질 다량 함유한 흰색 생선

도다리는 가자미과 도다리속에 속하는 물고기로 학명은 Pleuronichthys cornutus (Temminck & Schlegel, 1846)이다. 몸길이 30cm 정도이고 마름모꼴이며 두 눈은 몸의 오른쪽에 있고 크게 튀어나왔으며, 주둥이는 짧고 입은 작다. 눈이 있는 쪽의 몸빛은 개체변이가 심한데, 보통 회색·황갈색 바탕에 크고 작은 암갈색 무늬가 흩어져 있다. 산란기는 한국의 남해에서 늦가을부터 초겨울, 일본은 3~5월경이다. 도다리는 수심이 조금 깊은 곳의 모래와 개펄에 많다. 어린 새끼가 자라서 몸길이가 2.5cm 정도가 되면 바다 밑바닥에 내려가 저생 생활로 들어간다. 갯지렁이·조개·단각류·새우·게 등을 잡아먹고 사는데, 한국에서는 회로 많이 먹는다. 한국 전 연안과 일본 홋카이도, 중국 연안에 분포한다.

도다리는 영양학적으로 단백질을 다량 함유하고 있는 대표적인 흰살 생선이다. 흔히 '봄 도다리, 여름 민어, 가을 전어, 겨울 넙치'가 으뜸이라고 말한다. 제철 어류들이 산란을 위해 영양분인 지방을 많이 축적함으로써 맛이 가장 좋을 시기이기 때문이다. 도다리를 넙치와 구별하기 위해 '좌광우도'라고도 하지만 입이 크고 이빨이 있으면 넙치, 반대로 입이 작고 이빨이 없으면 도다리로 구분된다.

양식산 어류 가운데 상당량을 차지하고 있는 넙치에 비해 도다리는 양식이 되지 않아 거의 자연산이다. 육질은 넙치보다 진한 분홍색을 띠는 고급횟감이며, 지방함량이 넙치에 비해 낮아 맛이 매우 담백하다. 여기에다 거의 자연산인 도다리는 육질의 탄력성이 넙치보다 훨씬 뛰어나 쫄깃쫄깃한 씹힘성이 일품으로, 한국인의 기호에 잘 맞는 어종으로 평가받고 있다.

가자미가 어릴 때에는 두 눈이 양쪽에 떨어져 있다가 어른이 되면서 왼쪽 눈이 오른쪽 눈으로 이동한다는 것이다. 눈이 한쪽으로 모아진다는 것! 마치 곤충이 애벌레와 번데기를 거치며 성충이 되듯이, 가자미는 성장하며 왼쪽 눈이 오른쪽 눈으로 이동한다고 한다. 그런 후에 좌우의 몸 색깔이 달라지고 먹이도 달라진다. 눈가자미는 어른이 되면 두 눈이 오른쪽으로 쏠린다는 게 특징이다.

성장도중 가자미의 눈이 이동하는 이유는 이들이 물의 바닥에 누워서 모래 등에 숨어 살아야 하기 때문이며 살아남기 위한 진화로 일어나는 현상이므로 광어 눈이 왼쪽, 가자미, 도다리 눈이 오른쪽에 있는 이유는 유전에 의한 것이라고 할 수 있다.

정약전은 '자산어보(玆山漁譜)' 에서 비목어의 일종인 넙치의 눈이 두 개임을 확실하게 밝혔다. 뿐만 아니라 그 해부학적 구조까지 자세히 묘사하고 있다. '큰 놈은 길이가 4~5자, 넓이가 두자 정도다. 몸은 넓고 엷으며 두 눈이 몸의 왼쪽에 치우쳐 있다. 입은 세로로 찢어졌으며, 장은 지갑과 같이 두 개의 방으로 돼 있다. 알이 들어 있는 두 개의 주머니는 가슴에서부터 등뼈사이를 따라 꼬리에까지 이어져 있다. 등은 검고 배는 희며 비늘은 매우 잘다.'

가자미에 다량 함유되어 있는 불포화지방산이 혈중 콜레스테롤 수치를 감소시키고, 혈전의 생성을 억제하는 작용을 해줌으로써 혈액순환에 뛰어난 효과가 있다고 하며 고혈압이나 동맥경화나 각종 혈관질환들을 예방하는데도 많은 도움이 된다. 또한 가자미는 다량 함유된 단백질 성분과 필수아미노산 성분들이 피부의 영양을 공급하고, 피부재생을 촉진하는 이로운 작용을 함에 따라 피부건강 증진에 뛰어난 효능이 있다. 가자미에는 면역력 강화에 효과적인 작용을 하는 아르기닌 및 셀레늄 등의 필수아미노산 성분들이 다량 함유되어 있는데, 이 필수아미노산 성분들이 신진대사를 촉진시키고, 면역체계 개선을 통해서 면역력 강화에 뛰어난 효과가 있다고 한다.

오래전 이제는 망해서 흉물스런 잔해만 남아있는 강원도 알프스 스키장 회원권을 가지고 있어서 스키철은 물론 휴가철인 여름이면 진부령, 한계령 고갯길을 수 없이 누비고 다녔었다. 어느 해 여름 화진포에서 바다낚시를 즐겼는데 애엄마와 당시는 어렸던 아들 녀석이 줄줄이 달려 나오는 도다리의 손맛에 환호하며 '선무당' 노릇을 톡톡히 하였는데 , 그때 잡은 작디 작은 도다리를 튀겨먹고, 구워먹고, 세꼬시로 먹고…. 그 분위기에 푹 빠졌었다.

가자미는 가자미 식혜. 가자미조림, 가자미구이, 가자미간장조림, 가자미 버터 구이, 물 가자미 요리, 가자미튀김 등으로 요리법이 다양하다. 가자미는 양식이 안되며, 우리나라에서 판매되는 횟감 중 가장 비싼 횟감은 줄가자미로 환상의 생선이라는 다금바리보다 비싸다고 하여 서민의 입맛을 만족시키기가 만만치 않다.

동해안에서 낚시로 잡히는 어종 중 대다수를 차지하는 도다리(가자미)는 뼈째 회로 먹는 맛 (세꼬시)이 잔 가시와 생선회의 씹히는 고수한 맛이 독특한 감흥을 나타내며, 새큼달큼하면서 매콤한 가자미 식혜의 맛은 그야말로 일품이다.

도루묵 : 진짜 맛은 큼직한 알을 먹어야 안다

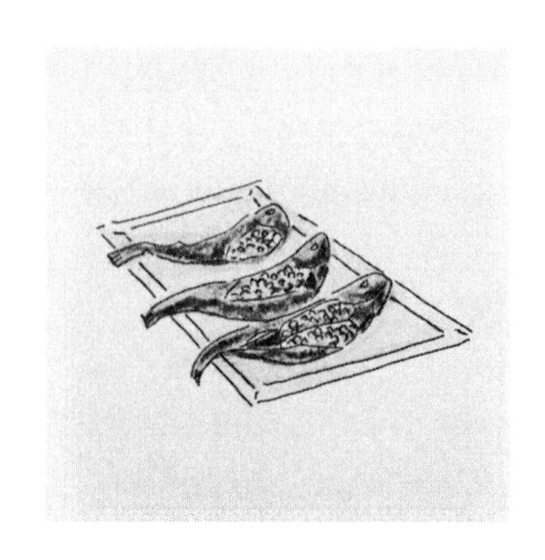

칼바람이 목덜미를 스쳐 한기가 뼛속까지 사무치는 한 겨울이 되면 어김없이 어물전좌판 한구석을 차지하는 도루묵은 농어목의 도루묵과에 속하는 물고기로서 학명이 Arctoscopus japonicus(Steindachner, 1881)이다. 몸은 회색이며, 옆으로 납작하고 체고가 가장 높은 지점은 제1등지느러미 앞쪽이다. 아래턱이 앞으로 튀어 나오고 입이 위쪽을 향하며, 입에는 작은 치아가 나있다. 비늘이 없으며, 몸길이는 20cm 정도이다.

도루묵은 문어 같은 천적을 피해 낮에는 140~400m의 깊이의 바다 속 진흙모래 속에 숨어 있다가 밤에 활동한다. 밤에 수온이 섭씨 6~10도이고 깊이가 2m인 곳에 있는 모자반과 청각 같은 해조류에 1500여 개의 알을 낳는다. 산란기는 11월부터 12월까지이다. 도루묵 알은 낳은 지 60여 일 만에 치어로 변한다. 도루묵은 작은 물고기와 새우를 먹는다. 도루묵은 한국 동해와 일본 북부 캄차카해역 알래스카에 분포한다.

도루묵의 어원은 조선 영조·정조 때의 문신 이의봉(李義鳳 : 1733~1801)이 여러 나라의 어휘를 모아 편찬한 ≪고금석림(古今釋林)≫에 나온다. 그 내용 중에 조선시대 선조 임금이 피난을 가는 길에 목어(木魚)라는 물고기를 먹어본 후 맛이 매우 좋아 왕이 물고기의 이름을 목어라 하지 말고 은어(銀魚)라 바꾸어 부르게 했다고 한다. 그 후 임금이 환궁하여 피난 시절 먹었던 그 물고기를 찾아 다시 먹게 됐는데, 그 맛은 옛날 맛이 아니었다. 기름진 음식에 길들여진 입맛이 과거 배고픈 피란 시절의 그 맛과 같을 수는 없었을 것이다.

그리하여 왕은 물고기 원래의 이름인 목어로 다시 부르도록 명하게 되었고, 그래서 도루묵이 되었다. 이후로 애써 한 일이 헛일이 되거나, 음식, 또는 어떤 일의 내용 따위가 기대와 전혀 다르거나 변변치 못했을 경우에 비유적으로 이르는 말로 널리 쓰이고 있다. 그러나 선조의 임진왜란시 피난길은 서해안을 거쳐서 신의주까지 갔었는데 서해안에서는 도루묵이 잡히지 않았으며 전란 중에 특별히 동해안의 물고기를 임금님에게 진상하였다는 것이 맞지 않아 와전된 것으로 보인다. 일부 문헌에는 고려시대 출몰하던 왜구의 환란을 피해서 동해안으로 피란 갔던 어느 임금님의 이야기라는 것이 전해져온다.

도루묵의 이름은 목어(木魚, 目魚-선조 때의 이식(李植)의 시에서 目魚로 나온다), 은어(銀魚), 환맥어(還麥魚), 환목어(還目魚)로 불리며 영어로는 sailfin, sandfish로 불린다. 이러한 이야기를 바탕으로 하여 도루묵을 섬진강에서 많이 잡히는 민물고기 은어(銀魚)와 혼동할 수 있으나 도루묵에서 유래된 은어와 섬진강의 은어는 분명히 틀린 종이다. 여기에서 말하는 은어는 지금의 은어와는 다르죠. 선조가 먹었던 은어(도루묵)는 농어목의 바닷물고기이며 옛 문헌에는 지금의 은어를 '은구어(銀口魚)' 라 하여 분명히 구분하고 있다.

도루묵은 맛이 꽤 좋다고 알려져 있지만, 사실 호불호가 크게 갈리는 맛이다. 비리거나 한 건 아니지만 향이 진한 생선을 좋아하지 않는 사람에게는 거부감을 보일 수 있는 특유의 향도 있고, 거기에 보통 산란철에 잡히다보니 살은 기름기가 별로 없이 퍼석하고 맛이 별로 없다. 도루묵을 영어로 Sandfish라고 하는데 이 단어가 의미하는 맛을 상상해 볼 수 있을 것이다.

도루묵의 진짜 맛은 살이 아니라 알에 있다. 한 알 한 알의 굵기가 보통의 생선 알보다 훨씬 크고 알 껍질이 매우 쫄깃쫄깃해서 씹히는 맛이 좋다. 생선 몸통에 비해 알집도 커서 살

보다는 알을 먹는데 주력하게 된다. 알집만 떼어 찌개를 끓여먹어도 맛이 있다. 그러나 칼칼하게 끓여내는 알 밴 도루묵 탕이나 지글거리면서 연탄불 석쇠 위에서 구어지는 알밴 도루묵 구이를 안주 삼아 마시는 소주 한 잔은 주머니가 가벼운 서민의 애환을 달래기에 손색이 없는 음식이다. 더구나 쫀득쫀득하게 씹히는 알 맛은 한겨울 추위를 잊게 하기에 충분하다.

사실, 도루묵의 알이 워낙 굵어서인지 알에 점액질이 상당히 많다. 굽거나 끓여도 잘 없어지지 않으며 점액질의 미끌미끌한 느낌과 비릿한 냄새 때문에 싫어하는 사람도 있으나 반대로 씹을 적마다 톡톡 터지는 그 식감 때문에 도루묵의 알을 좋아하는 사람도 있다.

현지인들은 가끔 해안가에서 파도에 휩쓸려온 도루묵 알을 건져먹기도 하는데, 이런 알들은 쫄깃하다 못해 고무처럼 질기며, 점액질도 없고 여기에 바닷물 특유의 짭짤함까지 배어 있어 나름대로 괜찮은 식재료가 된다. 다소 귀찮은 손질과정을 거쳐서 찌개로 끓여먹으면 별도로 소금 간을 하지 않아도 짭짤한 찌개가 만들어질 수 있다. 도루묵은 딱히 임금님의 피난 시절의 고난이 서린 음식이 아니더라도 가난한 서민의 한겨울 추위를 달래줄 추억의 음식의 재료가 되기에 충분하다.

도미 : 얼음 녹을 무렵에 흰살생선 맛 최고

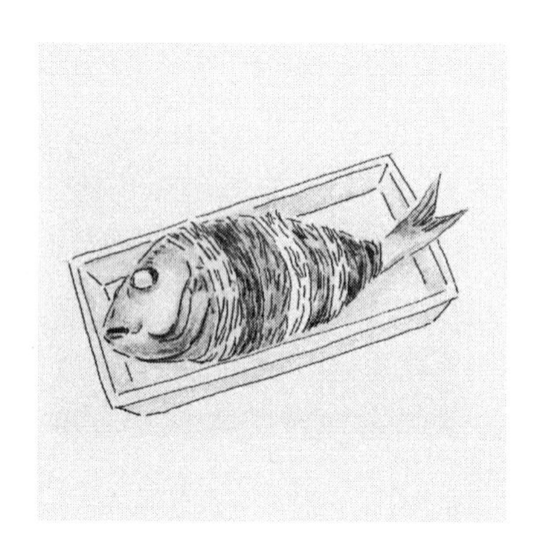

도미는 생선의 일종으로 어류 전체를 통칭할 때는 도미라고 하지만, 물고기 이름에 사용할 때는 참돔, 붉돔, 혹돔, 옥돔, 돌돔, 감성돔, 자리돔, 벵에돔 등 '돔'이라고 줄여서 쓴다. 도미는 겨울잠을 자다 얼음이 녹고 물이 따뜻해지면 깨어나 알을 낳는다. 이 무렵 도미가 가장 맛있고 영양도 풍부하다. 산란기가 끝난 뒤엔 몸이 여위어 '5월 도미는 소가죽 씹는 것만 못하다', '오뉴월 도미는 개도 안 먹는다'는 속담이 나왔다.

도미는 흰살생선의 대표주자로 생선의 왕으로도 불린다. 특히 한국, 일본에서 인기가 높다. 반면 서구에선 한 등급 낮은 생선으로 간주된다. 영국인들은 '유대인들이 먹는 잡어', 미국인들은 '낚시하기 좋은 생선' 정도로 여긴다.

각 민족마다 좋아하는 생선이 있다. 이는 생선이 잡히는 지역의 해류와 자연환경에 따라서 동일한 생선이라도 맛이 확연하게 다르기 때문이리라. 같은 생선이라도 미국 서부의 태평양에서 잡히는 것과 동부의 대서양에서 잡히는 것과는 그 맛이 완전히 다름을 필자는 경험한 바 있다.

우리 조상은 예부터 제사상에 참조기, 민어와 함께 돔류를 올렸다. 귀한 손님을 대접하거나 사돈집에 보내는 이바지 음식으로도 도미를 사용했다. 특히 생신이나 회갑 등 경삿날에 꼭 도미를 올렸는데, 도미의 수명이 생선치곤 무척 긴 30~40년이나 되어서 '장수하라' 는 기원의 뜻을 담고 있다.

도미는 찌고 볶고 삶고 생으로도 먹을 수 있어 여하한 방법으로 요리해도 맛있다. 일본에서는 최고의 회로 특히 인기가 높다. 한국에서는 붕어빵으로 불리는 빵이 일본에서는 "다이야키(たいやき)"라 하여 이 생선 모양의 빵, 즉 도미빵으로 불린다. 일본 속담으로는 '썩어도 도미' 라는 말이 있고 또한 스모에서 우승한 요코즈나(よこづな)에게 일등급의 물 좋은 도미를 선물하는 것이 관례이기도 하다.

일본사람들이 좋아하는 생선으로 도미가 1위를 차지하고 있다. 광주 조선치대에 근무할 시절 일본에서 온 요시다 치과 기계회사 야마나카 사장을 포함하여 조선치대 교수 일동이 고흥군 금산도에서 바다낚시를 즐긴 일이 있었다. 도미와 몇 가지 생선을 잡았는데 다음날 근무도 있고 또 너무 늦게 출발하여 광주에 도착한 시간이 꽤 늦어서 저녁도 못 먹고 자기가 잡은 생선을 들고 뿔뿔이 헤어졌다. 늦은 저녁시간에 야마나카 사장을 모시고 자주 가는 식당에 잡은 도미를 가지고 가서 회를 쳐 대접을 하니 그리 좋아하더라는 조 학장님의 말씀을 듣고 역시 일본사람들의 도미 사랑은 대단하다고 생각했었다.

광주에 근무하던 시절 고흥군 금산, 소록도, 완도, 함평 등의 바닷가에 바다낚시를 하러 수도 없이 다녀왔었다. 특히 고흥군 땅 끝인 도농과 소록도와 금산도 사이는 도미 point로 알려져서 여러 차례 다녀왔었다.

오래전 박치기 왕 김일이 일본에서 귀국하여 청와대에서 박 대통령을 면담하였다고 한다. 뭐 도와줄 일이 없냐고 하니 이 분이 자기 고향 금산에 전기를 들어오게 해달라고 해서 소록도에서 금산과 사이에 있는 무인도에 철탑을 세워 전기를 연결하였다는 전설적인 이야기가 전해 오고 있다(당시는 해저 cable 같은 기술이 없었음).

강태공들은 행운을 가져다주는 생선으로 여겨 도미를 잡으면 환호한다. 바다낚시대회에서의 수상은 어종에 불문하고 도미를 가지고 결정한다. 타 어종은 아무리 큰 고기를 낚더라도 등외로 쳐서 그야말로 손맛을 보는데 불과하다. 한번은 치대교수 낚시대회에서 필자가 한 자가 넘는 감성돔을 잡아서 상품으로 당시는 제법 비싸던 다이와 7000번 낚시 reel을 탔는데, 그날 저녁 낚시를 같이 했던 교수들에게 우승 턱(?)을 내느라고 그 가격의 몇 배나 되는 거금(?)을 써서 몇 달간 용돈을 내핍하고 지냈던 즐거운 추억을 가지고 있다.

필자는 어린 시절을 경기도 김포에서 보냈기에 바다 생선은 별로 접할 기회가 없어 먹어본 생선이 기껏해야 고등어나 아지 자반과 드물게는 굴비를 맛보았고 더구나 회를 먹을 기회가 적어서 대학에 입학하고 나서야 가끔 먹어본 조선일보사 뒷골목의 아나고(붕장어)회가 회 중에서는 최고인줄 알았었다.

군에 입대하여 국군대전병원시절 조치원에 처음 생긴 일식집에서 비로소 도미 회 맛을 보고 그 맛에 탄복하여 치과부 장교들과 수도 없이 갔었고 당시 국군 대전병원 원장이던 김영균 대령과 군의관 회식도 여러 차례 하였다. 도미가 들어오는 날은 주방장이 전화하여 치과부 장교 등이 모두 집합하여 향연(?)을 즐겼었고, 그 맛에 길들여져서 도미를 이용한 회, 찜, 탕, 머리구이 등 다양한 요리의 맛을 지금껏 즐기고 있다. 그러나 정작 남해안 바닷가 지방 사람들은 도미 미역국을 최고로 치고 있다. 시원하고 담백한 그 맛은 별로 양념을 하지 않아도 뽀얗게 울어나는 국물 맛을 일품으로 쳐서 먹어본 사람은 그 맛을 잊지 못하는 별미이다.

도치 : 묵은김치 들기름 넣어 오독오독 씹는 맛

도치는 도치과(Cyclopteridae) 페르카목에 속하는 조기어류 물고기의 하나이다. 학명은 Aptocyclus ventricosus 이며 7속 30여 종으로 이루어져 있다. 북극해와 북대서양 그리고 북태평양의 차가운 바다에서 발견되며 북태평양에 가장 많은 종이 서식한다. 골린어, 우릉성치, 뚝지, 도치 등을 포함하고 있다. 도치는 생김새가 심통맞다 하여 '심통이', '심퉁어' 라고 불린다. 몸은 타원형이며 머리와 몸은 원뿔 모양의 많은 돌기로 싸여 있고 돌기의 표면에는 고슴도치와 같은 잔가시가 많은 것이 특징이다. 두 눈 사이의 혹 모양 돌기는 4줄이 규칙적으로 나타난다. 등지느러미는 가시가 6~7개, 연조(soft ray:마디가 있고 끝이 갈라져 있는 지느러미 줄기)가 9~11개이다. 제1등지느러미는 눕혀도 제2등지느러미에 닿지 않는다. 뒷지느러미는 가시가 없고 연조는 8~10개이다. 꼬리지느러미는 좁고 둥글다.

도치의 몸 빛깔은 연녹색에서 진녹색까지 변하며 등지느러미는 연갈색, 배지느러미는 밝은 갈색이나 짙은 보라색, 입술은 엷은 자주색, 수컷의 돌기는 흐린 오렌지색 또는 붉은 갈색, 암컷의 돌기는 흐린 녹색이다. 주로 연해에서 서식하며 조수의 깊이가 낮은 곳의 바위에 붙어서 발견되기도 한다. 한국(청진)·사할린섬·쿠릴열도·오호츠크해·베링해 등지에 분포한다.

오래전 경희대 교수 산악회에서 설악산 대청봉을 등반하였다. 11월 말경 토요일 오후 서울을 출발하여 설악산 한화콘도에서 일박하고 다음날 아침 일찍 오색에서 출발하여 대청봉, 중청봉, 소청봉을 거처 한계령 휴게소로 내려오는 일정이다. 토요일 오후 속초 바닷가의 횟집에서 회를 곁들인 저녁 식사를 하였었다.

사실 동해안의 어류는 남해안에 비해 그 종류가 적어서 다소 한정적인 면이 있는데 그날 저녁 차림 중에는 그간 보지도 못했던 괴상한 모양의 어종이 자리를 잡고 있었다. 주인 여자를 불러서 물어보니 그 신통방통한 것이 "도치라는 생선이에요. 이게 참 말(이름)이 많아, 오소리라고 부르기도 하고, 심통 난 사람 같다고 해서 '심퉁이'라고 하기도 하고" 과거에는 잡히면 재수 없다고 바다에 던져버리거나, 너무 많이 잡혀서 지겨워 걷어찼을 정도라고 했다. 속초가 고향인 경희치대 약리학의 이현우 교수에 의하면 "어릴 때 바닷가에서 놀다가 바위에 붙은 도치를 쉽게 잡곤 했다"고 한다. 그날 그 자리에 참석했던 교수 산악회 회원들은 도치요리의 색다른 맛에 심취했었다.

강원도 속초 중앙시장 지하 수산시장 수조에서 야릇하게 생긴 '생명체'가 둥둥 떠다녔다. 야구공보단 크고 배구공보단 작은 크기. 회갈색에 옅은 무늬가 있다. 물에 둥둥 떠다니기도 하고 수조 유리벽에 붙어 있기도 한다. 살아 움직이는 느낌이 아니라, 부표처럼 둥둥 떠 있는 느낌으로 손으로 대도 재빨리 피하지 않는데, 만지면 물컹하고 미끈하다. "너는 어느 별에서 왔니" 묻고 싶다. 바로 이 녀석이 신통방통한 심퉁이(도치)이다.

도치는 낮은 수심의 바위에서 빨판으로 붙어 있다가 썰물 때에 바다로 나가지 못해서 사람들에게 붙잡히곤 했다고 한다. 아이들이나 잡을 정도로 흔하고 인기 없던 생선에 불과하던 도치가 최근 신분이 격상(?)했다. 동해안에 어족자원이 급격히 감소했기 때문이기도 하고, 도치를 맛있게 요리하는 방법이 널리 알려지기 때문이기도 하다.

도치는 심통 맞게 생긴 생김새와는 달리 질기지 않으며 쫄깃하고, 기름기 없이 담백하고 비린내가 나지 않아 인기가 좋다. 뜨거운 물에 살짝 담갔다 꺼낸 후 한 번 더 데친 도치숙회, 알을 소금에 재워두었다가 찐 알찜이나, 묵은지 위에 도치를 얹어 조려낸 두루치기 등으로 많이 조리된다.

도치는 겨울이 제철이다. 도치의 배를 반으로 가르면 은단만 한 알이 가득 든 알집에서 쏟아져 나온다. 놀랍게도 알집 크기가 도치 몸통만 하다. 도치가 겨울이 제철인 것은 바로 이 알 때문이고, 이 알 때문에 암컷이 수컷보다 훨씬 비싸다.

칼칼한 묵은김치와 씁쓸하면서 고소한 들기름 속에서 알이 오독오독 씹히는 맛이 독특하다. 흐물흐물한 도치 살은 젤라틴 덩어리로, 무미(無味)하지만 쫄깃쫄깃하게 씹히는 맛은 기막히다. 시원하고 얼큰한 국물에 밥을 말아 먹으면 순식간에 밥 한 공기가 사라지는 밥도둑이다.

어떤 요리이던지 간에 먹는 사람에 따라서 호불호가 다르겠지만, 심퉁이 요리는 동해안의 별미로 도치가 잡히는 한철은 가히 맛볼만하다. 얼마 전 가락동 농수산 시장의 수산물부좌판 한 귀퉁이를 차지하고 있는 심퉁이를 발견하고 쾌재를 부르며 동해안의 기억을 되살리면서 한 무더기를 사가지고 집에 와서 솜씨를 발휘(?)하였었다. 어리둥절해 하는 내자를 조수로 부리면서(?)….

그러나 도치요리 맛을 본 가족들의 반응은 영 아니올시다! 이었다. 필자의 요리솜씨가 별 볼일 없어서 인지 혼자만의 향연?)이 되고 말았다. 그리고 깨달은 것이 있다. 음식은 음식 재료가 나는 곳의 정취와 음식을 먹는 분위기에 따라 좌우된다는 것을…….

돔배기 : 생선과 고기 중간 맛 짭짤하고 독특

돔배기(상어고기)의 어원은 토막토막 베어 먹는다고 해서 돔배기 또는 돔베기라고 한다. 국어사전(표준어)에는 돔배기로 표기되어 되어 있다. 돔배기는 상어고기를 염장해서 숙성한 것으로 제사의 경우 찜, 탕요리를 하거나, 넓은 절편만으로 꼬치산적을 굽는 경우가 많다. 돔배기는 생물이 없고 냉동된 것만 있다. 돔배기는 경상도 지역의 향토음식으로 알려져 있는데 대구광역시, 포항시, 영천시, 경주시 등의 경상북도 동남부 지방과 안동시 등 북부 지방 일부, 부산광역시나 울산광역시 등 영남권 일부 지역에서 많이 먹는다.

돔배기의 주거래 시장인 영천 지역에는 문내동에 2개소의 도매상이 있는데, 이 도매상을 바탕으로 영천의 전통 시장에는 20여개의 소매상이 돔배기를 취급하고 있으며, 전국 소비량의 50%인 500톤 정도가 영천에서 거래된다고 한다. 영천 전통 시장 내 어물전 돔배기 상인들은 전통적인 상어고기 갈무리법과 간 맞추기 비법으로 상어고기 감칠맛을 독특하게 해 전국 적으로 명성을 떨쳐 왔다. 영천 전통 시장 상인들은 50여년 대를 이어 돔배기를 취급해 온 상인들로, 돔배기를 만지고 맛을 내는 비법을 대를 이어 전수해 옴으로써 오늘날의 명성을 얻게 된 것이다.

돔배기는 식당이나 일반 가정에서의 평소 식사 때의 반찬보다는 제사음식으로 많이 소비되는데 이지역의 토박이들 사이에서는 제사상에 꼭 올려야만 하는 귀한 음식으로 취급된다. 제사에 돔배기를 올리는 집에서 제사 후 음식을 음복하면 제사음식 중 보통 돔배기의 맛을 평가하는 이야기가 가장 먼저 나올 정도이다. 돔배기 맛은 짭짤하고 육질이 생선과 고기의 중간쯤 되는데, 맛이 독특하여 선호도가 다양하다.

돔배기는 상어 고깃덩어리를 두께 1~1.5cm두께로 단순히 썰어서 쪄내는 음식으로 육질이 부드럽다. 구워내면 살이 단단해지는데 기름기와 연골이 적당히 있으면 쫄깃해진다. 상어는 연골어류긴 하지만 씹는 맛이 색다른 생선으로 상어의 종류뿐 아니라 상어의 부위에 따라서도 맛에 차이가 난다.

돔배기 맛은 상당히 짜면서도 쫄깃하며 염분을 제외한다면 닭가슴살을 능가하는 다이어트 식품으로, 소금간한 돼지고기(특히 앞다리살)와 고등어 소금구이를 반반 섞어놓은 중간 맛이 난다.

돔배기는 상어고기라서 품질에 따라 좀 미묘하게 암모니아 냄새가 날 수 있는데 예민한 사람들에게는 거부감이 들 수도 있다. 상어나 가오리, 홍어와 같은 연골어류는 체내에 요소(urea)를 축적하는데 죽으면 체내의 요소가 분해돼서 암모니아가 되며 또한 제조과정에서 약간의 발효과정을 거치기 때문이다. 따라서 돔배기를 제대로 다루는 색다른 기술이 상어를 전통적으로 이용해 왔던 지방에서는 자연스럽게 전수되어 왔다.

돔배기 맛은 홍어에 비해 냄새와 맛이 훨씬 약하지만 일상에서 흔히 먹는 음식과는 달리 특유의 맛과 냄새가 있어 사람에 따른 호 불호의 선호가 다양하다. 한의학에서는 상어를 '교어(鮫魚)' 라고 해서 오장을 보하는 효능이 있고, 특히 간과 폐를 돕는 작용이 강해서 피부 질환이나 눈병에 많이 이용되었다. 우리 몸의 오지(五志) 가운데 혼(魂)이 저장되는 간(肝)이며, 백(魄)이 머무는 곳간이 폐(肺)이고 보면, 돔배기가 간과 폐를 돕는 효능이 있음을 쉽게 알 수 있다.

특히 태음인(太陰人) 기질이 강하여 폐의 기능이 허약하고, 술을 많이 마시는 사람들에게 돔배기는 좋은 건강식품이 될 수 있다. 돔배기의 재료가 되는 상어는 300여 종에 이르는데 악상어(학명: Lamna ditropis), 청상아리(학명;Isurus oxyrinchus), 귀상어(학명; Sphyrna zygaena), 별상어(학명 Mustelus manazo, 방언, 부산; 참상어) 의 4종 뿐으로, 청상아리는 고기가 부드럽고, 별상어(참상어)는 감칠맛이 나며 특히 귀상어로 만든 것을 '양지' 라고 해서 제삿상에 올리는 최상의 음식으로 치는 바람에 귀상어의 씨를 말리고 있다.

상어는 바다어류 중 먹이사슬의 최상위에 있는 종이므로 체내에 중금속 함량이 다른 종에 비해 월등히 높다. 상어를 선호하는 경북 지역 주민들을 대상으로 한 조사에서 타 지역 주민들에 비해 수은 섭취량이 월등히 높았다고 한다. 따라서 건강을 생각하면 돔배기를 먹지 말아야 한다는 우려의 목소리도 있다. 그러나 사실 돔배기라는 것이 일상적으로 자주 먹는 생선은 아니고 보통은 명절이나 제삿날에 먹을 정도의 귀한 음식이니 돔배기 섭취가 주원인은 아니라는 의견도 만만치 않다.

필자의 중학교 시절 지금은 고인이 되신 필자의 모친이 당시 대구에 사시던 모친의 조부님께서 작고하셔서 대구에 다녀오시는 길에 제사에 쓰시던 상어 고기(돔배기)를 가지고 오셨다. 어머님이 어렵게 먼 길에 들고 오신 그 노고가 너무나 송구하여 독특한 냄새를 참고 맛있게 먹었던 기억이 있다. 다 먹고 난후에야 조심스럽게(?) 그 냄새를 이야기 하니 바로 그 냄새가 상어고기의 특징이라고 하시던 어머님의 말씀이 기억난다.

따개비밥 : 육질에 든 타우린 콜레스테롤 낮춰

지금으로부터 40여년 전인 73년 7월 당시 필자는 경희치대 조교였다. 당시 울릉군 북면 천부초등학교에서 경희대학교 학생봉사단인 '삼태기회' 인솔자로 주민 진료 봉사에 참여한 일이 있었다. 그곳까지는 교통편이 불편해 서울에서 완행열차를 타고 오랜 시간을 거쳐 포항에 도착, 맹렬하기가 군화도 뚫는다(?)는 모기의 닦달을 받으며 여인숙에서 하루 밤을 보내고 다음날 새벽 여명에 포항~울릉간 정기 여객선 3등 선실에 승선하였다.

배의 흔들림에 의탁하여 8시간 후 울릉도 도동항에 도착하여 하선하였다. 사실 이때만 해도 도동항에 접안 시설이 없어 승객들이 작은 배로 짐을 들고 바꿔 타고서야 부두에 내릴 수 있었으니 만일 파도라도 치는 날이면 승객들의 안전에 큰문제가 아닐 수 없었다. 부두에 겨우 내려 어디로 간지도 모르는 울릉 교육청 행정선을 하염없이 기다려 여름 해가 뉘엿뉘엿 질 저녁 7시 40분 경에야 자그마한 배에 승선하였다

(*당시 울릉도에는 일주도로가 없어서 모든 교통은 전적으로 해상수송에 의존). 작은 배에 많은 인원과 짐을 실으니 뱃전으로 바닷물이 넘쳐 들어올 지경이었다.

다시 한 시간 넘게 파도 속을 헤쳐가며 섬을 반 바퀴 돌아서 드디어 깜깜한 밤중에야 북면 천부초등학교 근처의 포구에 도착 하였다. 어두움에 flash light에 의지하여 모두 짐을 지고 들고 가파른 바위 언덕을 넘어 봉사지로 잡은 천부초등학교에 도착하니 어언 시간은 밤 9시를 넘고 있었다. 서울을 떠난지 30시간이 지나서야 봉사 활동지인 초등학교에 도착하였었다. 그때야 불을 피우고 저녁을 해먹으니 전기도 없고 호롱불에서 선 밥이 입으로 들어가는 지 코로 들어가는 지…. 그곳에서의 봉사활동 기간 중 수많은 애환을 남겼다. 봉사활동이 끝나고 오는 길에 울릉경찰서의 허락을 받고 독도에 상륙하였었다(졸저. '도깨비국물', 2016. 울릉도 독도 봉사활동 회상기 참조).

세월이 흘러 수년전 가족과 함께 다시 울릉도를 다시 찾았다. 묵호에서 도동항까지 쾌속정으로 두 시간이 채 안걸리는 쾌적한 바다풍경을 즐겼고, 울릉도에서는 cable car를 타고 전망대에 올라 도동항 근처의 바닷가의 전경을 보았고, 성인봉에도 가고, 울릉도민의 숙원 사업이던 섬일주도로로 저동항에 가서 오징어 처리 시설과 바닷가에서 해수욕도 즐겼다. 그야말로 울릉도하면 오징어를 떠올리게 할 정도로 넘쳐나던 오징어는 이제는 잡히지 않아 저동항 길거리 노점상 좌판의 활 오징어 값조차 그야말로 금값으로 입이 떡 벌어지게(?)

하기에 모자람이 없었다. 나리분지에 가서 너와집도 보고 조껍데기 술에 감자전도 맛 보았다.

출발 하루 전날 울릉도에서의 마지막 저녁에 도동항 근처 음식점에서 처음 들어보는(?) 따개비밥을 맛보았다. 녹록지 않은 밥값에 놀랐고(?), 보잘 것 없을 것으로 생각했던 처음 들어보는 따개비 밥의 고소한 맛에 더욱더 놀랐다. 초라해 보임직한 음식점의 외형에 비해서 밥에 따개비와 깨소금을 뿌리고, 김가루를 넣고 참기름으로 비빈 그 맛은 가히 일품으로 그 맛을 안보고 왔으면 몹시 섭섭할 뻔(?) 했다. 가격대비 비싼 그 음식이 맛으로 충분히 보상(?)했다고나 할까?

그런데 문제는 울릉도에서 따개비로 알고 있던 문제의 해산물이 실은 삿갓조개로 울릉도에서는 삿갓조개를 따개비로 불러 왔다고 한다. 따개비와 삿갓조개는 갑각류와 조개류 정도로 전혀 혼동할 수 없는 종인데 울릉도에서는 습관적으로 삿갓조개를 따개비로 알고 지내왔다(?)는 것이다. 이것은 최근에 울릉도에서 따개비 관련 식당을 하는 업자가 자기가 쓰는 따개비(주; 삿갓조개)는 정작 삿갓조개(보말)라는 고백(?)에서도 잘 나타나있다. 실제로 따개비는 배의 밑바닥에 부착하여 속도를 줄이고 철제 강판을 침식시켜서 제거 하는 데 적지 않게 골치를 앓고 있고 또 약간의 독소까지 있어서 식용으로 쓴다는 것과는 거리가 먼 생물이다.

삿갓조개는 연체동물문, 복족강, 삿갓조개류 (Patellogastropoda) Lindberg, 1986에 속한다. 삿갓조개는 그 모양이 타원형의 삿갓처럼 생겨서 이름이 붙여졌고, 된장찌개나 일부 큰 것은 뜨거운 물에 삶은 후 초장에 찍어먹으며, 삿갓조개의 육질에 포함되어 있는 타우린은 몸속의 콜레스테롤 수치를 낮춰 고지혈증 예방에 좋고 칼로리가 적기 때문에 다이어트 식품으로 적합하다.

삿갓조개의 이빨은 생체물질 중에서 가장 튼튼한 핵이빨을 가지고 있어 바위에 붙어있는 조류를 갉아먹기에 적합한 구조를 가지고 있는데 연구진들은 1mm이하 크기의 삿갓조개의 이빨을 분석하고 미세구조를 응용하면 최첨단 소재가 될 수 있음을 밝혀냈다고 한다.

삿갓조개가 성장하면서 만들어지는 침철석(goethite)이라는 딱딱한 광물섬유가 이빨에 생겨난다고 하며, 이러한 강력한 치아는 바다 암석의 표면을 다듬고 생존하기 위해 조류를 먹기에 알맞게 진화되어 왔다고 한다. 침철석이라는 이 섬유는 가볍고 탄력 있는 복합재료 구조를 만들기 위한 적당한 크기를 가지고 있어 무한대의 속력을 내는 경주용 자동차나 대기 중 엄청난 마찰을 견디어 내는 항공기의 구조물로 이용될 수 있는 가능성을 높여주고 있다고 한다. 정말 자연에는 우리가 너무도 모르고 아직도 이용가능 한 무궁무진한 재료가 산재해 있다.

매생이 : 강 알칼리성 식품 소화 흡수 잘돼

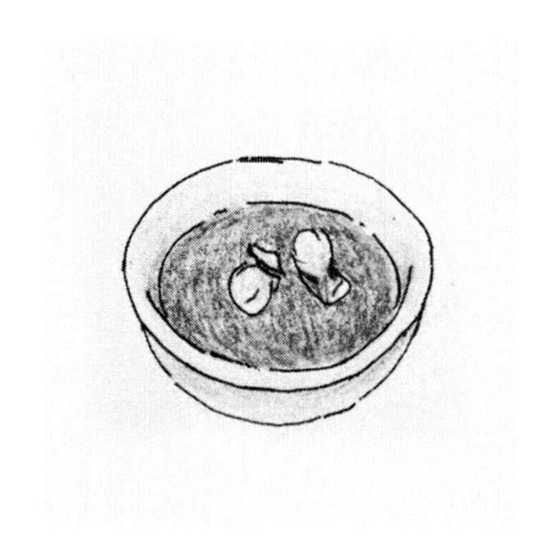

매생이라고 하면 전라도 바닷가가 고향인 일부 주민을 제외하고는 그것이 무슨 말인지도 모르는 분이 대부분일 것이다. 하긴 요즈음은 겨울 매생이 철에 냉동 보관하다가 여름에도 매생이 국을 즐길 수 있고, 제철이면 서울의 유명 백화점 식품 코너에도 가끔은 매생이를 구할 수 있다. 또한 산지에서 영농조합을 꾸려서 통신 판매의 덕으로 일반인들에게도 많이 알려 지기는 했지만……. 오래전 조선치대에 근무 할 때 동계 방학 중에 치과대학 학생들을 인솔하여 전라남도 바닷가로 진료 봉사활동을 다녀온 일이 있다. 매끼 식사 중에 파르스름한 것이 이끼도 아니고 김이나 파래보다 가늘면서 씹을 것도 없이 술술 넘어가는 신통방통(?)하고 시원한 굴국이 올라오곤 하였다. 처음 먹어보고 시원한 그 맛에 감탄하였었는데 이것이 바로 매생이에 굴을 넣어 끓인 국이었다.

매생이는 주로 남도지방에서 식용하는 가늘고 부드러운 갈매패목의 녹조류다. 파래와 유사하게 생겼으며 겨울철에 주로 채취된다. 학명이 Capsosiphon fulvescens 로 갈파래목 매생이과에 속하며 크기 15cm 정도, 굵기 2~5mm로 녹색을 띠며 조간대(潮間帶) 상부 바위에 서식하며 전세계에 분포한다. 한국에서는 남해안에서 볼 수 있으며 별칭은 '재기' 이다. 대롱모양으로 어릴 때 짙은 녹색을 띠나 자라면서 색이 옅어진다. 굵기는 머리카락보다 가늘며 미끈거린다. 가지는 없고 외관상 창자파래의 어린 개체와 비슷하나 이보다 부드럽다. 현미경으로 보면 사각형의 세포가 2~4개씩 짝을 지어 이루는 것이 특이하다. 파래와 유사하나 파래보다 가늘고 부드럽다.

매생이는 순수한 우리말로 '생생한 이끼를 바로 뜯는다' 는 의미를 가지고 있다. 조류가 완만하고 물이 잘 드나드는 곳에서도 오염되지 않은 맑고 청정한 물에서 서식하는 대표적인 무공해식품이다. 우리나라에서는 완도, 부산 등 남해안 지역에서 주로 서식한다. 채취하여 섭취할 수 있는 기간이 추운 한겨울로 한정되어 있다. 이르면 11월에 채취를 시작해 늦으면 다음해 2월까지 채취가 이루어지므로 길어야 2~3개월 반짝 먹을 수 있다. 모든 채취가 사람의 손을 거쳐야 하며 모두 자연 채묘에 의해 이루어지기 때문에 생산량이 그리 많지 않다. 뿐만 아니라 워낙 신선한 상태로 섭취하는 식재료다 보니 보관과 운반이 용이하지 않아 대개 채취된 지역에서 대부분 소비가 된다. 원산지가 아니면 맛보기 힘든 식재료였으나 요즈음은 포장기술의 향상과 통신 판매의 활성화로 비교적 용이하게 접할 수 있다.

최근에 필자가 가끔 점심을 먹는 동대문의 허름한 매운탕 집에서도 매생이 국을 접할 수 있어서 놀랐다. 비원 근처의 광주의 유명한 한정식집 서울 분점에서는 여름에도 매생이 전을 먹을 수 있어서 마음만 먹으면 철에 관계없이 매생이를 즐길 수 있다.

옛날에 매생이가 천대받던 시절에는 김양식에 거치적거린다고 해서 매생이를 죽이려고 유기산을 뿌리곤 했다. 매생이의 효능과 맛의 우수성 때문에 입소문이 나면서 매생이의 수요가 늘어 어민들의 효자 노릇을 톡톡히 하는 바람에 거꾸로 매생이에 붙은 눈치 없는 김을 뜯어낸다.

매생이는 머리카락보다 가늘며 미끈거리는 촉감을 가지고 있다. 식감이 매우 부드럽고 특유의 향을 간직하고 있어 다른 식재료에서는 느낄 수 없는 독특한 맛을 선사한다. 식욕을 돋우고, 소화흡수가 매우 잘 되며, 강알칼리성 식품으로 우리 몸이 산성화 되는 것을 방지해 준다. 또 식물성 식품이면서도 단백질 함유량이 높은 고단백식품으로 단백질, 지방,

탄수화물, 무기질, 비타민이 5대 영양소가 모두 가지고 있는 완벽한 식품이다. 때문에 우주 식량으로 지정된 바 있다.

≪동국여지승람(東國輿地勝覽)≫의 기록에 의하면 과거에는 임금님께 올렸던 진상품이기도 했다. 조선 후기 문신 정약전이 쓴 어류학서(魚類學書) ≪자산어보(玆山魚譜)≫에는 매생이에 대해 "누에 실보다 가늘고 쇠털보다 촘촘하며 길이가 수척에 이른다. 빛깔은 검푸르며 국을 끓이면 연하고 부드러워 서로 엉키면 풀어지지 않는다. 맛은 매우 달고 향기롭다"고 기록하였다. 추측컨대 정약전은 직접 매생이를 먹어보고 그 부드러움과 맛, 그리고 그 향에 반했었는지도 모르겠다. 매생이는 역사적으로도 귀한 식품이면서 미래의 식량이기도 하다.

매생이를 활용한 대표적인 요리는 매생이국을 꼽는다. 매생이에 굴을 넣고 끓여 먹는데, 이렇게 굴과 함께 끓여 먹는 매생이국은 굴에 함유된 풍부한 비타민과 미네랄 등으로 훨씬 좋은 건강음식이 된다. 간장기능을 활성화 시키는 효능이 탁월해 원기회복과 피로회복에 아주 좋다. 그러나 매생이국은 아무리 끓여도 김이 잘 나지 않아 뜨거운 줄 모르고 먹다가 입안이 데는 경우가 많으므로 주의해야 한다.

매생이국의 이러한 특징으로 인해 매생이국은 일명 '미운 사위국' 으로도 불린다. 옛날에 딸에게 잘해주지 못하는 사위가 미우면 딸의 친정어머니가 일부러 매생이국을 끓여 사위에게 먹여 입을 데게 했다는 데서 유래되었다고 한다. 매생이로 할 수 있는 또 다른 요리로는 무침이나 전, 죽, 칼국수 등이 있는데 모두 어렵지 않게 만들 수 있다. 부침가루나 밀가루에 매생이를 섞어 부치는 매생이전은 아주 간단한 요리지만 바닷내음이 느껴지는 별미이다.

매생이죽 역시 기존의 채소 죽을 끓이다가 마지막에 매생이만 더하여 끓여주면 매생이가 소화흡수를 도와주어 위에 부담이 없어 좋다. 이외에도 칼국수나 수제비를 만들 때, 또 스파게티 요리에도 매생이를 넣어주면 향과 맛이 가미된 좀 더 특별한 요리가 될 수 있다. 진정으로 매생이는 우리가 소홀히 대하였던 꿈의 식재료이다.

멍게 : 상큼하고 쌉싸래한 맛 불포화 알코올 향

멍게는 우렁쉥이의 방언이었다. 그러나 지금은 버젓이 표준어의 자리를 차지하게 되었다. 그 까닭은 "방언이던 단어가 표준어보다 더 널리 쓰이게 된 것은 그것을 표준어로 삼는다"는 우리말 표준어 사정 원칙에 따라서 그리된 것이다. 물론 표준어로 인정받던 우렁쉥이는 "원래의 표준어는 그대로 표준어로 남겨 둔다"는 규정에 의해 복수표준어로 남았다.

멍게를 서양에서는 표면에 돋아 있는 돌기와 타원형 생김새

때문에 '바다의 파인애플(sea pineapple)' 이라 하고, 물을 뿜어내는 습성을 빗대어 '바다의 물총(sea squirt)' 이라고도 한다. 일본에서는 램프의 유리통을 닮았다고 해서 '호야(ホヤ)' 라고 부르며 .중국어로는 海鞘(hǎiqiào)라고 한다. 세상에서 멍게를 먹는 나라가 별로 없다. 한국, 일본, 프랑스, 칠레 정도가 꼽힐 정도이다. 멍게는 다른 이름으로 우렁쉥이로 강새해초목(Stolidobranchia) 멍게과(Pyuridae)에 속하며 학명이 Halocynthia roretzi Von Drasche, 1884이다

멍게는 상큼하면서도 쌉싸래한 맛과 향이 독특하다. 이 향은 멍게를 바다에서 잡아 올린 뒤 시간이 경과하면서 옥탄올과 신티아놀 같은 불포화 알코올이 생성되면서 나는 것이라고 한다. 또 멍게에는 해산물로는 드물게 바나듐 성분이 함유되어 있다. 이 바나듐은 신진대사를 원활하게 하고 당뇨병 및 심혈관 질환에 효과가 있는 것으로 알려져 있다.

멍게는 단백질이 풍부하고 지질이 거의 없으며 칼로리(100g당 78kcal)가 낮아 다이어트에 좋으며 나트륨, 칼륨, 칼슘, 철, 인 등 몸속 대사에 필요한 각종 미네랄도 풍부하다. 그 외에도 멍게는 체력을 보강하고 심장과 혈관을 강화하는 타우린, 피부미용과 노화방지에 효과가 있는 콘드로이틴황산 등이 들어 있는 건강식품이다.

멍게는 성장 과정에서 변태를 하는 생물로, 유생은 올챙이 같은 형태(Tadpole larva)로 유영을 한다. 멍게의 유생은 안점, 후각계, 뇌, 근육, 지느러미, 신경, 척삭 등의 상당히 고등

한 기관을 갖고 있으나 정작 성체가 된 멍게는 이런 기관은 다 퇴화해 그냥 바닥에 뿌리를 내려 붙어살며 해수를 구멍으로 받아서 플랑크톤만 걸러 섭취한다. 멍게는 셀룰로오스를 체내에서 생산하는 유일한 동물로 이 유전자는 식물로부터 수평전파 된 것으로 추측된다.

멍게는 생물학적으로 여러 가지 독특한 특성을 많이 가지고 있어서 중요하게 여기는 연구 재료이다. 여러 동물들의 신체 기관이 진화하여 발생한 시발점으로 보이기 때문이며, 유전자가 다른 동물의 약 절반 정도 길이밖에 되지 않을 정도로 단순하고 양식으로 기르기 쉬워 연구가 쉽다는 장점이 있어 실제로 유전체 지도가 7번째로 작성된 생물이다.

멍게 손질법은 다소 번거로운 구석이 있다. 멍게속살에 붙어 있는 검은 내장은 멍게의 심장으로 멍게의 달착지근한 냄새가 나는 것으로 떼어내고 나면 멍게의 고유향기가 없어진다. 멍게에 붙어 있는 실 같은 것은 멍게의 배설물로 쓴맛이 강하고 배가 아플 수 있으므로 섭취하면 안 된다. 그러나 제 아무리 잘나봐야 '스끼다시(곁들임 요리)' 라는 말이 있듯이 다소 굴욕적일 수 있는 이 표현이 해산물 전문 식당에서 바로 '멍게' 가 차지하고 있는 위치이다. 알싸한 맛과 특유의 향, 입에 착 감기는 식감까지 어느 것 하나 빠질 게 없지만 어찌된 영문인지 식탁에선 늘 사이드 메뉴의 위치를 차지한다.

식재료로 남부럽지 않은 '스펙' 을 갖추고도 조연 신세였던 멍게가 최근에야 드디어 주인공 자리를 차지하고 긴 설움의 세월에 마침표를 찍고 메인 메뉴로 등장한 것이다. 멍게 요리 중 최우선으로는 멍게비빔밥이 차지하며, 멍게회, 멍게숙회, 멍게무침, 멍게초밥, 멍게물회, 멍게전, 멍게튀김, 멍게탕수, 멍게찜, 멍게가스 등으로 다양한 멍게 요리가 개발되어 미각을 돋우고 있다. 특히 경남 통영과 거제에서 많이 나는 멍게로 해먹는 비빔밥은 그 맛이 일품이며, 특히 입맛을 잃기 쉬운 초여름에 잘게 썬 멍게에다 김가루와 참기름, 통깨 등을 듬뿍 넣고 비벼먹는 멍게비빔밥은 잃었던 식욕을 돋우기에 충분하다.

필자가 광주조선치대에 몸담고 있을 시절 광주시 옛 동구청 근처의 일식전문점인 구미향을 찾았었다. 서울과는 비교가 되지 않는 착한 가격과 맛깔스런 차림, 거기에 주인아주머니의 정에 끌려서 손님을모시고 자주 갔었다. 하루는 듣도 보도 못했던 '멍게 김치' 가 나왔는데 그 쌉사름하면서도 새큼한 맛에 반해서 그날 그야 말로 주 요리인 회는 저 멀리 두고 보잘 것 없는(?) 멍게 김치에 탐닉하였었다. 서울로 온 후에는 안암오거리 부근의 이영종 악우(嶽友)의 주꾸미요리 전문집에 자주 갔었는데 이 댁에서 알싸하면서도 새콤 얼얼한 멍게 젓갈을 접하고 이 댁을 찾을 때마다 그 맛을 즐겼었다. 최근에는 강화도 외포리의 젓갈 시장에 갔다가 우연히 멍게 젓을 보고는 단숨에 사가지고 와서 자주 즐기고 있다.

멸치 : 고소하고 씹을 것 없이 넘어가는 단맛

멸치과에 속하는 바닷물고기로 학명은 Engraulis japonius TEMMINCK et SCHLEGEL이다. 부화가 갓 된 멸치새끼는 길이 2.1~2.6㎜ 정도이며 투명한 몸을 가지고 있다. 난황은 부화 후 약 3일 만에 완전히 흡수되며 초기의 자어기에는 몸의 배 쪽에 비교적 검은 색소덩이가 줄지어 나타난다. 멸치 무리는 대양을 회유하며 돌아다니는 원양성인 동시에 난류성 어종이다. 수명은 비늘상의 연륜으로 미루어 보아 3년 이내인 것으로 추정되나 지역에 따라 1년의 차이가 있는 것으로 알려져 있다.

몸은 길고 원통형이며 약 13㎝ 크기까지 자라난다. 몸 빛깔은 등 쪽이 암청색이고 배 쪽은 은백색을 띠고 있으며 옆구리에는 은백색의 세로줄이 있다. 턱은 위가 길고 아래는 짧으며 양턱에는 작은 이빨이 한 줄로 줄지어 있고 혀 위의 중축부에는 유치융기선(有齒隆起線)이 있다.

멸치라 하면 가장 먼저 칼슘(Ca)을 떠올린다. 그러나 뼈와 똥을 발라내고 먹는다면 칼슘 없는 단백질만 섭취하게 된다. 멸치에는 칼슘뿐 아니라 칼슘보다 더 중요한 건강요소를 함유하는데 그건 바로 똥(내장)이다. 일반적인 물고기의 항문은 배 밑에 붙어있지만, 멸치의 항문은 꼬리 부근에 붙어있다. 이러한 사실로 장(腸)이 다른 어류에 비해 길다는 것을 알 수 있는데, 멸치는 자신보다 아주 작은 물고기를 잡아먹지 않고 플랑크톤을 먹기 때문이다. 즉 멸치는 먹이 사슬의 가장 아래에 있는 물고기인 것이다.

우리나라에서는 멸치를 주로 말려 볶아 먹거나 조려 먹고, 멸치젓을 담그기도 한다. 남해안 지역에서는 생멸치로 멸치찌개를 만들어 먹기도 한다. 신선한 멸치는 생선회 등으로 날로 먹을 수 있지만, 그물에서 멸치를 제거할 때 상처를 입어 좋은 재료를 구하기가 쉽지 않다. 식용 이외에도 가다랑어와 같은 육식어의 낚시 먹이, 비료 등에 이용된다.

조선시대 후기에는 멸치가 대량으로 어획되고 있었음이 문헌 자료를 통하여 확인된다. ≪세종실록지리지(世宗實錄地理志)≫ 의 함경도 예원군(預原郡)과 길주목의 토산과, 이행(李荇) 등의 ≪신증동국여지승람(新增東國輿地勝覽≫의 제주목 정의현(旌義縣)과 대정현(大靜縣)의 토산으로 행어(行魚)라고 기록되어 있는데 지금도 제주도에서는 방언으로 멸치를 행어라고 한다.

또한 1803년에 김려(金鑢)가 지은 ≪우해이어보(牛海異魚譜)≫에서는 멸치를 멸아(鱴兒)라고 하였고, 1814년에 정약전(丁若銓)이 지은 ≪자산어보(玆山魚譜)≫에 의하면 멸치를 추어(鯫魚)라 하고 그 속명을 '멸어' 라고 하였다. 멸치는 불빛을 좋아하기 때문에 밤에 등을 밝혀 움푹 파인 곳으로 유인하여 광망(匡網)으로 떠올린다고 하였다.

조선 말기에는 멸치가 대량으로 잡히고 있어 이규경(李圭景)의 ≪오주연문장전산고(五洲衍文長箋散稿)≫에는 한 그물로 만선하는데 어민이 즉시 말리지 못하면 썩으므로 이를 거름으로 사용한다고 하였고, 서유구(徐有榘)의 ≪난호어목지(蘭湖漁牧志)≫에는 동해안에서 멸치가 방어떼에 쫓겨 몰려올 때는 그 세력이 풍도(風濤)와 같고, 어민이 방어를 어획하기 위하여 큰 그물을 치면 어망 전체가 멸치로 가득 차므로 멸치 가운데서 방어를 가려낸다고 하였다. 구한말에는 일본으로부터 비료용 마른 멸치의 수요가 많아 멸치 어업이 더욱 활기를 띠었다.

멸치젓은 새우젓과 함께 우리나라의 대표적인 전통 발효식품 중의 하나이다. 따뜻한 날씨로 인해 김치가 쉽게 시어지는 것을 방지하기 위해 고추와 젓갈을 많이 넣어 만드는데, 젓갈은 멸치젓을 가장 많이 써서 색깔이 탁하기는 하지만 깊은 맛을 낸다. 특히 전라도와 경상도 지방에서는 멸치젓을 김치 담을 때 필수적으로 넣는 부원료로 사용해 왔으며 전국이 일일 생활권이 된 지금은 지역에 관계없이 멸치젓을 이용하는 사람이 늘어가고 있는 추세이다.

오래전 광주에 살 때 놀란 것이 뿌리 깊은 젓갈 그중에서도 멸치젓에 대한 집착(?)이었다. 어느 집이건 멸치젓을 담는 전래의 독이 없는 집이 없고, 김치라도 담을라 치면 곰삭은 멸치젓에 마늘 파 생강 등을 보리밥이나 찰밥을 함께 갈아서 걸쭉하게 된 것을 고춧가루와 버무려 저려진 배추에 소 대신 척척 바르는 전라도식 칼칼한 김치가 처음에는 낯설었었다. 그러나 익은 후의 전라도식 김치의 감칠맛이란 그야 말로 입에 착착 감겨(?) 다른 어떤 김치와 비교할 수 없는 독특한 맛을 냈다. 그 뿐 아니라 모든 밥상에는 빠짐없이 멸치젓이 자리하고 있는데 이 멸치젓은 어느 음식과 같이 먹어도 궁합이 잘 맞는 특유의 맛을 내었다.

멸치를 생물 상태로 접한다는 것이 산지가 아니면 쉽지 않으므로 부패를 방지하기 위하여 곧바로 염장하여 멸치젓의 상태로 보존할 수밖에 없었던 것이 독특한 젓갈문화로 발전하게 된 것이다. 그러나 생물상태의 멸치 회나 멸치 회 무침 등의 맛은 가히 잊을 수 없는 맛이다. 지난봄에 가락동 농수산시장에 갔더니 신선한 기장멸치 생물이 있기에 환호하며 한

판을 단숨에 가지고 와서 손질하여 서울에서는 좀처럼 접하기 어려운 멸치 회를 맛보았다. 고소하고 씹을 것도 없이 넘어 가는 단 맛은 어느 회와도 비교 할 수 없을 정도로 기가 막혔다. 회 무침이나 멸치 튀김, 멸치 국 등도 별미이다. 남은 멸치는 염장하여 멸치젓을 담갔음은 물론이다.

28

명태 : 이름 여러 개 가진 물고기 드물어

명태(明太)는 대구목 대구과에 속하는 바다어류의 일종으로 학명은 명태(Gadus chalcogrammus) 이다. 명태는 대표적인 한류성 어종으로 북태평양 동해, 오호츠크 해, 베링 해, 미국 북부 해안에 분포하며 180~1280m 정도 깊이에 위치한 대륙붕이나 대륙사면 환경을 주로 선호한다. 명태의 몸길이는 30~90cm, 무게는 600~800g 정도이며 등은 푸른 갈색에 배는 은빛을 띠고 있으며 대구처럼 등지느러미를 세 개나 가지고 있다. 아래턱에는 흔적 기관이 된 수염이 붙어있다. 요각류나 젓새우류같은 작은 갑각류, 작은 물고기 따위를 잡아먹고 살며 때로는 명태 치어나 알을 섭취하기도 한다.

번식은 12월에서 그 다음 해인 4월까지 진행된다. 수심 50~100m 정도 되는 얕은 연안으로 이동하여 평탄한 모래바닥에다 알을 낳는다. 알에서 깨어난 치어는 약 5년 이상이 지나면 성적으로 성숙하게 되며 최대 수명은 28년 정도로 알려져 있다.

명태는 어느 것 하나 버리지 않고 다 먹을 수 있는 생선이다. 토막 낸 살집과 말랑말랑한 간은 구수한 찌개로, 토막 낸 살은 북청피난민들이 향수를 달래줄 명태식해로, 내장은 창난젓갈, 알은 명란젓갈, 아가미는 귀세미젓갈을 담가 먹으며, 눈알은 구워 술안주로 한다. 창자로 만든 창난젓은 칼슘·인·철분이 풍부하며 알로 만든 명란젓은 창난젓보다 인 성분이 두 배 가까이 많으며 꽃게알에는 거의 없는 비타민A도 들어있다.

해수부의 조사에 의하면 우리나라 사람들이 가장 좋아하는 생선으로 명태가 수위를 차지하고 있어 명태는 생활 곳곳에서 만나게 된다. 더구나 제사상에서 조차도 불문율로 한 귀퉁이를 차지하고 있어 조상님들의 입맛을 돋우고(?) 있고 굿판과 고사지낼 때 시루떡 위에도 명태가 차지하고, 어렵사리 마련한 새집의 대문 문설주 위는 물론 새 차 사서 사고 나지 말라고 지내는 고사의 시루떡 위에도 역시 명태포가 차지하고 있다. 그야 말로 명태는 국민생선으로 역할을 톡톡히 하고 있다.

명태는 오래전부터 우리 민족과 같이 하여 다양하게 문헌에서 찾아 볼 수 있다. 명태에 관한 최초의 기록으로는 1652년 효종 때 '승정원일기' 에 처음으로 등장하며, 1530년 중종 때 간행된 '신증동국여지승람(新增東國與地勝覽)' 에는 무태어(無泰魚)라고 기록되어 있다. 1820년 간행된 서유구(徐有榘)의 '난호어목지(蘭湖漁牧志)' 에는 명태어라 하며, 생것을 명태, 말린 것을 북어라고 하였다. 또한 1871년 고종 때 이유원(李裕元)의 '임하필기(林下筆記)' 에는 명태라고 기록되었다.

명태는 육질이 담백하여 맛살이나 어묵의 재료로 이용되어 지금도 인기 있는 모 수산회사의 '게맛살' 은 게살이 아니고 명태 살이 재료라는 것은 아는 사람은 많지 않다. 더구나 가곡에서 조차 그 이름을 올렸으니 명태가 차지하는 역할이란 실로 지대하다. 또한 명태만큼 한 종이 이름을 여럿 가지고 있는 물고기도 드물다. 상태에 따른 다양한 이름이 있는데, 얼리지 않은 싱싱한 생물은 생태(生太), 얼린 명태는 동태(凍太)이고, 북쪽에서 잡아 말린 명태는 북어(北魚)또는 건태(乾太)라고도 불린다.

마른 명태이기는 하나 건조 방법이 조금은 독특한 황태(黃太)가 있는데, 한 겨울에 대관령 고지대 산간에 있는 명태 건조장인 덕장에서 얼음물에 얼리고 찬바람에 말리기를 수차례 반복하여 살 속에 있는 수분이 얼면서 근육 간격이 넓어

지고 육질이 스펀지처럼 부들부들해져 누르스름한 황태가 되는데 마치 말린 더덕 같다하여 더덕북이라고도 부른다. 또 내장과 아가미를 빼낸 명태 4~5마리를 한 코에 꿰어 살이 꾸덕꾸덕하게 말린 코다리, 덕장의 날씨가 따뜻하여 물러진 찐태. 하얗게 마른 백태, 딱딱하게 마른 깡태, 손상된 파태, 검게 마른 먹태, 대가리를 떼고 말린 무두태, 잘 잡히지 않아 값이 금값이 된 금태 등, 그 이름이 헤아릴 수가 없이 많다.

뿐만 아니라 잡힌 지역이나 시기에 따라 별칭이 있는데, 강원도 연안에서 잡힌 강태(江太), 강원도 간성군 연안에서 잡힌 간태(桿太), 함경도 연안에서 잡힌 작은 놈은 왜태(倭太), 함경남도에서 봄철의 어기 막바지에 잡힌 막물태, 정월에 잡힌 놈은 일태(一太) (2월에 잡힌 놈은 이태, 삼태, 사태, 오태 등), 동지 전후로 잡힌 명태는 동지받이, 그리고 음력 시월 보름께 함경도에서 은어라고도 부르는 도루묵 떼가 연안으로 회유해 올 때 반드시 명태 떼가 따라오는데 이때 잡힌 명태는 은어받이라 부른다. 그리고 잡는 방법에 따라 그물로 잡은 것은 망태(網太), 주낙으로 잡은 조태(釣太)라 한다.

지구온난화가 원인으로 추정되는 해류 변화로 남쪽의 난류가 북상과 명태의 무분별한 어획이 어획량 감소로 1990년대 중반부터 동해에서 명태 어획량이 급감하기 시작하더니 최근에는 절멸하여 멀리 북태평양에서 잡아 냉동한 외국산 명태가 시장을 대부분 차지하는 안타까운 실정이다. 이 사태를 심각히 여긴 정부는 2009년 말 국립수산과학원 동해수산연구소에서 명태의 자원회복을 위해 노력하여 마침내 2014년에 죽은 어미 명태에서 치어생산에 성공하였고 2015년 9월 까지 어린 명태 4만 5천 마리를 최고 13cm까지 성장시키는 데 성공하여 2016년 10월, 세계 최초로 명태 완전양식 선언을 하게 되어 멀지 않은 장래에 풍족한 명태를 기대할 수 있게 되었다.

필자는 91년 미국 Ann Arbor의 Michigan 치대에 방문 교수로 다녀온 일이 있다. 한국의 one room 같은 studio를 얻어서 손수 식사를 해결하고 있었는데 지근거리에 있던 Kroger mart에서 값싼 생물 명태를 헐값에 구할 수 있었다. 미국사람들은 거들 떠 보지도 않는 생물 명태, 더구나 내장과 머리를 제거한 것으로, 별로 손질할 것도 없이 얼큰한 매운탕을 끓여 여기에 곁들인 와인으로 주말의 쓸쓸함을 달랬었다. 그 맛있는 생선이 mexican이나 흑인들 차지라니……. Yankee들의 하해(?)같은 은혜에 감읍하면서…….

몸국 : '배지근하다' 의미 설명해주는 전통음식

그간 제주에 열 번이 넘게 다녀왔다. 1968년 여름방학 중에 친구 몇 명이 목포에서 배를 타고 무전여행으로 제주에 갔던 것을 시작으로, 그간 십여차례 제주를 방문하였는데, 한라산 정상에 각각 다른 course로 세 번을 올라갔었고, 근간에는 새로 개발된 제주 올레길과 마라도와 가파도에까지 진출했었으니 제주 여행에 관한 한 제법 관광 안내원(?)을 맡아도 손색이 없다고 생각했었는데, 이번에 제주에 가보니 필자가 가보지 못한 곳이 아직도 많았다.

지난해 11월 필자의 고등학교 동문치과의사회에서 제주도 여행을 간 김에 필자가 조선치대에 몸담고 있을 당시 학부학생이었던 박인수(조선치대 2회졸, 구강외과 수련) 선생이 이번에도 제주에서만 맛볼 수 있는 다금바리회, 싱싱한 갈치회, 고소한 대방어 회가 가득한 만찬을 베풀어 주어 제주산 소주를 정신없이 비우며 흘러간 광주에서의 추억을 되살리는 계기가 되었다.

바쁜 중에도 제주에서 개업하고 있는 이중철 선생(조선치대 8회졸, 치주과 수련)이 시간을 내어서 이박삼일 동안 필자의 손발이 되는 수고를 마다하지 않았고, 마지막 날 점심으로 그간 제주에 와서 구경하지 못했던 몸국을 맛보게 해주었다.

제주도하면 문득 생각나는 먹거리들이 있다. 돔베고기, 흑돼지, 다금바리회, 자리물회, 고기국수, 옥돔구이, 제주감귤, 갈칫국, 빙떡, 몸국 등…. 그런데 "몸국"이라고 하면 아는 사람이 많지 않다. 몸국은 제주도의 향토음식으로 여기서 몸은 조류인 모자반(Sargassum fulvellum)의 제주도 방언이다. 원래 표기는 아래아가 들어가서 'ᄆᆞᆷ국' (/mɒmk̬uk̚/)이다.

몸국은 제주도의 향토 음식으로, 돼지고기를 삶으면서 생긴 국물에 모자반을 넣고 끓인 국이다. 원래 잔칫날에나 먹던 것으로, 제주도 음식 중 유일한 탕류이다. 맛은 기름지면서도 부드러우며, 제주도민들은 전통적으로 그 맛을 '베지근하다' 라고 표현하였다. 이 '몸' 을 넣고 끓인 국이라서 '몸국' 이라고 부른다. 톳과 비슷한 모자반은 제주도에서 많이 나는 갈색 해조류로 냉이처럼 향긋하고 봄 새싹처럼 부드러워 제주도에서는 국, 나물무침 등으로 즐겨 먹었다. 해초와 돼지고기의 조합이라 조금 이상하다는 생각이 들 수도 있으나 의외로 맛이 독특하다. 예부터 제주도 사람들이 거센 바닷바람을 이기기 위해 먹었을 것으로 추정된다.

몸국은 제주도의 혼례와 상례 등의 주요 행사에 빠지지 않고 등장하는 음식 중 하나다. 제주도에서는 산후에 산모에게 미역국 대신 몸국을 먹이기도 한다. 돼지고기와 내장, 순대까지 삶아 낸 국물에 모자반을 넣고 끓이면 느끼함이 줄고 독특한 맛이 우러나 지금은 제주를 찾은 관광객들에게 제주를 대표하는 음식이 되었다.

이 몸국에는 가슴 아픈 유래가 있는데 제주도에서 잔치를 하면 돼지고기로 국을 끓였는데 처음 끓인 돼지고기 국은 고기가 많고 국물도 맑은 국으로 이 맑은 국은 지체 높은 상전이나 나이가 지긋한 어르신들 밥상에 올라갔다. 국과 고기는 모자라고 나머지 사람들은 배가 고프니 남은 국물과 고기 몇 점에다가 제주도 바닷가에서 흔히 볼 수 있는 모자반을 넣고 포만감을 높이기 위해 메밀가루를 넣어서 다시 끓인 것이 몸국이다. 몸국은 척박한 땅에서 먹을 것이 귀했던 시절, 제주도 사람들의 고단한 삶을 보여주는 음식이라고 할 수 있다.

최근에는 제주도내 초, 중, 고등학교의 급식으로도 가끔 나오는 편이나 몸국에 익숙하지 않은 학생들에게 그다지 인기 있는 메뉴는 아니며, 일반인들의 술자리에서는 옛 추억을 회상하게하는 빠질 수 없는 음식중 하나이다.

제주도에서는 전통적으로 관혼상제가 있는 특별한 날에나 돼지를 잡았는데, 돼지고기를 삶아 수육을 만들고 그 국물에 내장과 순대(수애)를 넣어서 또 삶은 것이라 그 국물은 매우 진하다. 여기에 주로 바닷가 마을에서는 몸국을 만들었으며, 내륙 쪽 마을에서는 이 국물로 고사릿국, 또는 어린 무나 결구가 생기지 않은 배추를 넣은 국 등을 끓여 먹었다.

돼지고기를 삶은 국물에 다섯 시간에서 여섯 시간 가량 불린 모자반을 듬성듬성하게 썰어서 넣는다. 국물이 끓으면 솥의 뚜껑을 연 뒤, 찬물에 푼 메밀가루를 넣어서 국물을 걸쭉하게 만든다. 부추와 다진 마늘을 넣고 소금으로 적당히 간하여 몸국이 완성된다.

제주의 바다와 육지를 동시에 느낄 수 있는 독특한 몸국은 다른 음식과 달리 사철 동일한 맛을 낼 수 있어 오히려 산업화하기 수월한 장점을 가지고 있으나 많은 식당들이 어설프게 선을 보이면서 오히려 그 가치를 잠식시키고 있는 것은 아닌지 우려의 목소리가 적지 않다.

제주의 몸으로, 제주 도새기로, 제주 몸밀로 만들어지는 푸짐한 몸국 한 그릇은 타지 사람들이 이해하지 못하는 제주만의 표현인 '배지근하다!' 라는 의미를 설명해 줄 수 있는 전통음식임이 분명하다.

미역 : 입맛 잃은 여름철 새콤달콤 시원한 맛

미역은 요약갈조류 미역과의 한해살이 바닷말. 요오드를 특히 많이 함유하고 있어 산후조리에 특히 좋으며, 한방에서는 미역을 해채, 감곽, 자채, 해대 등으로 부른다. 학명은 Undaria pinnatifida이고, 한국 전역, 일본 등의 저조선 부근 바위 부근에 서식하며, 몸길이 1~2m, 폭 50cm이다. 외형적으로는 뿌리·줄기·잎의 구분이 뚜렷한 엽상체(葉狀體) 식물이다. 우리나라 전 연안에 분포하나, 한·난류의 영향을 강하게 받는 지역에는 분포하지 않는다. 겨울에서 봄에 걸쳐 주로 채취되며 이 시기에 가장 맛이 좋다. 봄에서 여름에 걸쳐 번식한다.

미역은 전복·소라의 주요 먹이로, 전복양식은 양질의 미역 공급에 좌우될 정도로 중요하며, 주로 우리나라, 일본, 중국 등지에서만 식용으로 이용된다. 미역에는 식이섬유와 칼륨, 칼슘, 요오드 등이 풍부하여 신진대사를 활발하게 하고 산후 조리, 변비·비만 예방, 철분·칼슘 보충에 탁월하여 일찍부터 애용되어 왔다. 산모가 오랜 산고 끝에 출산하자마자 바로 미역국에 흰 쌀밥을 대령하는 우리나라의 풍속은 그 역사가 깊으며, 생일 아침상의 미역국은 출생의 기쁨과 생의 의미를 기억하는 상징이 된지 오래다.

당나라 현종 때 서견(徐堅)의 초학기(初學記) 중 조선여속고(朝鮮女俗考)에 '고래가 새끼를 낳으면 상처를 치유하기 위해 미역을 뜯어 먹는데 고려 사람들이 이를 보고 산모에게 미역을 먹이기 시작했다' 는 기록이 전해진다. 이것으로 보아 미역이 이미 오래 전부터 우리나라의 산후조리 음식으로 이용되었음을 추정하게 한다. 또한 고려시대부터 미역을 이미 중국에 수출했다는 기록이 있다. 《고려도경》에서는 "미역은 귀천이 없이 널리 즐겨 먹고 있다. 그 맛이 짜고 비린내가 나지만 오랫동안 먹으면 그저 먹을 만하다"고 나와 있으며 《고려사》에는 "고려 11대 문종 12년(1058)에 곽전(바닷가의 미역 따는 곳)을 하사하였다"는 기록과 "고려 26대 충선왕 재위(1301) 중에 미역을 원나라 황태후에게 바쳤다"는 기록도 있다. 동의보감에선 "해채는 성질이 차고 맛이 짜며 독이 없다. 효능은 열이 나면서 답답한 것을 없애고 기(氣)가 뭉친 것을 치료하며 오줌을 잘 나가게 한다"는 기록이 있다.

우리는 예부터 산후 보온을 강조하여, '삼칠일'(세이레)이라고 해서 산후 21일이 지나기 전엔 바깥출입을 금하는 것을 원칙으로 삼았다. 이 기간엔 산모와 아기는 되도록 외부인과 접촉하지 않고 미역국을 먹으며 몸조리를 하도록 했고, 과거엔 출산하면 삼칠일엔 금줄을 쳐서 잡인의 출입을 막았었다.

한방에선 분만 당일과 산후 첫째 날엔 절대 안정을 취하고 누운 채로 손과 발 정도만 움직이라고 권장한다. 2~3일째는 누운 채 몸을 움직이되 젖을 먹이거나 식사를 할 때만 자리에서 일어나고, 4일부터는 실내를 가볍게 걸어 다녀도 된다. 산후 7일까지는 찬 물에 손을 넣거나 찬바람을 쐬거나 뛰는 것은 좋지 않다고 한다. 그러나 최근에는 한방에서도 삼칠일을 특별히 강조하진 않고 산후에 일정 기간 건강관리를 철저히 해야 한다는 의미 정도로 받아 들인다.

1991년 미국 Michigan 대학에 방문 교수로 다녀 온 일이 있었다. 그곳의 한국 교포들도 한국에서와 같이 출산 후 산모에게 미역국을 먹인다는 것이다. 미국의 병원에서는 산모에게 출산 당일 목욕을 시키고 hamburger를 먹이고 바로 일상에 복귀하게 한다는 것이다. 그들은 한국 교포들이 출산 후 상당기간 동안 찬바람을 쏘이지 않게 하고 정체불명(?)의 해초 삶은 물(?;미역국)을 먹이는 우리의 풍속을 의아하게 생각한다는 것이다.

미역이 산모에게 좋은 것은 요오드가 풍부하기 때문이다. 요오드는 산후에 늘어난 자궁을 수축시키고 모유가 잘 나오게 하며 피를 멎게 하는 데 유용한 미네랄이다. 미역에는 출혈로 빠져나간 철분과 아기에게 빼앗긴 칼슘도 많이 들어 있다. 칼슘은 또 출산 후 흥분된 신경을 안정시키고 자궁 수축 및 지혈을 도와준다.

미역은 우리나라 해안가 전역에서 자생한다. 그 중에서 진도, 완도, 기장 등에서 나오는 미역의 질과 맛이 뛰어나 비싼 값으로 거래된다. 이들 미역으로 끓인 미역국은 별다른 양념을 하지 않아도 뽀얗게 우러나며 맛 또한 구수하여 한국인의 출산과 생일에는 절대 빠질 수 없는 우리만의 고유한 음식으로 자리 매김하고 있다.

광주 조선치대에 몸담고 있을 시절 한여름 교수 연찬회를 완도에서 하였다. 연찬회 다음날 아침 황호길 교수, 지금은 고인이 된 송형근 교수 등과 그곳 재래시장을 구경하였다. 당시 송형근 교수는 며칠 전 사모님이 출산을 하였는데 송 교수는 마음에도 없는 것을 필자의 강권(?)으로 완도미역을 몇 장 샀다.

며칠 후 서울에 다녀온 송 교수가 문제의 미역(?) 때문에 본가에서 칭찬을 받았다고 고마워했다. 미역 요리하면 대표적으로 미역국을 연상하게 되지만 미역국 이외에도 오이미역냉국, 미역줄기볶음, 미역쌈밥, 미역초무침. 들깨미역죽, 미역달걀국, 미역자반, 미역튀각, 미역부침개 등 다양한 요리 방법이 있어 다양하게 맛을 즐길 수 있다. 특히 입맛을 잃기 쉬운 여름철에 새콤달콤하면서도 시원한 오이 미역 냉국이나 미역쌈밥, 미역초무침 등은 별미로 즐길 수 있다.

1991년 미국 Ann Arbor의 Michigan 치대에 방문교수로 다녀온 일이 있었다. 당시 의대 MD-PhD복합학위과정에 한국 교포학생 Peter Lee(이주형, 미국심장내과 전문의)가 있어서 그가 속해있는 의대 Dept of Human Genetics를 들러 보고 의대 지하 cafeteria에서 coffee를 한 잔하고 있었는데, 마침 그때 금발의 여학생이 baby carrier에 아기를 들고 들어왔다.

Peter Lee가 그 여학생에 다가가서 반색을 하며 갓난아이를 쓰다듬고 어르는데 눈도 또렷하고 옹알이를 하고 있었다. 잠시 후 그 여학생이 가고 난 다음에 Peter Lee의 말로는 의대에 재학하고 있는 그 여학생이 어제 아이를 낳았는데 그날 아이를 cage에 담아 와서 시험을 치르고 나오는 중에 우리와 마주쳤다는 것이었다. 세상에! 출산 다음 날 산모가 아기를 데리고 가서 시험을 치를 정도로 건강이 쉽게 회복될 수 있는지…….

더욱이 낳은 지 하루 밖에 안 된 아이가 '눈을 마주치고 옹알이'를 하다니(?) 우리 상식으로는 도저히 이해할 수 없었다. 백인은 우리 황인종과 다른 gene을 가져서 산모가 건강하고 아이가 조숙(?)한 것인지…….

민어 : 복더위에 민간에서 가장 선호한 어류

민어는 경골어류 농어목(Perciformes) 민어과(Sciaenidae)에 속하는 바닷물고기로 민어류에는 는 민어, 꼬마민어, 동갈민어, 점민어(홍민어), 황금리브민어, 대서양꼬마민어 등으로 분류된다. 학명은 Miichthys miiuy 1855, Nibea imbricata MATSUBARA 1925이다. 민어는 심해어로 근해 수심 15~100m 정도의 서·남해안 개흙 바닥에 서식하며, 동해안에는 분포하지 않는 어종으로, 길이 1m, 무게 20kg 정도의 대형 물고기이다.

민어는 전체적으로 어두운 흑갈색을 띠지만 배 쪽은 회백색이며 근해의 수심 15~100m의 펄 바닥에 서식하며 7~9월에 산란한다. 민어(民魚)는 말 그대로 예부터 우리 민족이 가장 선호해 온 물고기라는 의미로 '민어(民魚)' 라 부르며, 제사상에 꼭 올리는 귀한 고기로 여겨왔다. 여름이 제철로 '복더위에 민어찜은 일품, 도미찜은 이품, 보신탕은 삼품' 이라는 말이 있을 만큼 더위에 지친 기력 회복에 최상의 보신식품으로 우리 민족의 사랑을 받아 왔다. 그러나 사실 민어찜은 사대부의 음식으로 다른 보양식에 비해 그 품격을 달리한다. 민어는 옛 문헌에도 많이 언급되어 있으며 그 이름과 방언이 매우 다양하다.

≪세종실록지리지(世宗實錄地理志)≫ 와 ≪신증동국여지승람(新增東國輿地勝覽)≫의 토산조(土産條)에는 민어(民魚)라는 이름으로 기재되어 있다. 경기도와 충청도의 여러 곳에서 잡혔고, 전라도·황해도 및 평안도에서도 잡혔던 것으로 되어 있다. 영조 때 편찬된 여러 읍지(邑誌)에도 전라도·충청도·황해도 및 평안도에서 산출되는 것으로 되어있다.

정약전(丁若銓)의 ≪자산어보(玆山漁譜)≫에는 민어를 면어(鮸魚)라 하고 그 중 말린 것을 상어(鯗魚)로 기재하고 있다. 許浚의 ≪동의보감(東醫寶鑑)≫, 정약용(丁若鏞)의 ≪물명고(物名攷)≫, 이만영(李晩永)의 ≪재물보(才物譜)≫에는 회어(鮰魚), 풍시가(馮時家)의 ≪우항잡록(雨航雜錄)≫에는 작은 것을 접어(鰈魚) 또는 유어(鮍漁), 가장 작은 것을 매수(梅首) 또는 매동(梅童), 그 다음 것을 춘수(春水)라고 기재하고 있다. 서유구(徐有榘) 의 ≪난호어목지(蘭湖漁牧志)≫에는 민어를 한자로 민어(鰵魚)라고 쓰고, 서·남해에서 나며 동해에는 없고 모양이 조기[石首魚]와 유사하나 그 크기가 4, 5배에 달한다고 하였다.

정문기의 ≪어류박물지(魚類博物誌)≫에 따르면, 전남 법성포에서는 30㎝ 내외의 것을 '홍치', 완도에서는 '부둥거리'

라 했으며, 서울과 인천 상인들 사이에선 작은 것부터 보굴치→가리→어스래기→상민어→민어라고 불렀다. 평안남도 한천(漢川) 지방에서는 민어 새끼를 '민초'라고 불렀고, 전남 지방에선 민어의 특대를 '개우치', 소금에 절여 말린 민어의 수컷을 '수치'라 불렀고, 암컷은 '암치'라 불렀다. 그리고 일본에서는 혼니베(本鮸, ホンニベ)라고 부른다. 중국에서는 멘위(鮸魚) 또는 뱌오위(鰾魚)로 부르며 영어로는 민어가 산란기 때 "구~구"하고 우는 소리를 내는 습성에 착안하여 소리를 내는 물고기라는 의미로 Nibe croaker 나 brown croaker로 쓴다.

살은 회로, 뼈는 내장과 함께 매운탕으로 끓여 먹고, 껍질과 부레 그리고 지느러미살은 별도로 떼어내 기름소금과 함께 먹는다. 민어의 본고장인 전남 목포와 신안 지방에서도 별미 중의 별미로 꼽는다. 큰 놈은 길이가 무려 4~5척에 달한다. 몸은 약간 둥글고 빛깔은 황백색이며, 등은 청홍색이다. 비늘과 입이 크고 맛은 담담하면서도 달아 날것 혹은 익혀 먹어도 다 좋으며, 말린 것은 더욱 몸에 좋다. 흑산도 앞바다에서는 희귀하나 간혹 물 위에 뜬 것을 잡곤 하며, 더러 낚시로도 잡을 때가 있다. 섬으로 이뤄진 신안지역의 북쪽에서는 음력 5~6월에는 그물로 잡고, 6~7월에는 낚시로 낚아 올린다. 어란포(魚卵胞)의 한 짝 길이는 수척에 달하고 알젓도 일품이다.

부레는 삶거나 젓갈로도 먹지만 교착력이 강해 선조들은 풀(민어교, 民魚膠)로 요긴하게 쓰여졌다. 햇볕에 말려 끓인 뒤

고급 장롱을 비롯하여, 문갑, 쾌상 등 가구를 만드는 데나 합죽선(合竹扇)의 부채살과 갓대를 붙일 때 이용했다. 또한 우리 선조들의 정체성을 들어내는 각궁의 우수성은 바로 이 민어교를 이용한 장인의 솜씨에 의존한다.

"이 풀 저 풀 다 둘러도 민애풀 따로 없네"라는 강강술래 매김소리나, "옻칠 간데 민어 부레 간다"는 속담은 이러한 배경에서 비롯됐다. 필자가 광주 조선치대에 몸담았던 시절 한여름 치대 교수 연찬회를 고산(孤山) 윤선도(尹善道)의 유적을 찾아 보길도(甫吉島)에서 했던 일이 있었다.

조선의 대표적 사대부의 정원이라고 알려진 고산의 세연정(洗然亭)이 보길도 초등학교의 운동장 한쪽 끝에 자리하고 있음을 보고 아연 질색하였었다. 보길도의 땅이 그리 좁아서 세연정을 침입하지 않으면 초등학교 하나 지을 땅이 없는 것도 아닐 터인데……. 일제의 교육 백년을 바라보는 하혜같은 아량(?)에 실소를 금할 수 없었다.

저녁을 지척 거리에 있는 노화도의 횟집에서 즐겼는데, 요소수지 다라이에서 활보하는 10kg에 육박하는 민어 한 마리를 적지 않은 돈을 주고, 살은 회로, 회치고 나머지는 매운탕으로, 부레와 껍질… 등 민어로 할 수 있는 온갖 요리로 모든 교수가 포식하였었다. 그 이후 아무리 다른 민어 요리를 먹어도 노화도의 그 민어 맛은 잊을 수가 없다.

바지락 : 면역력 높이는 아미노산 풍부해 웰빙

바지락은 백합과에 속하는 이매패류 연체동물이고 학명은 Venerupis philippinarum으로 남시베리아에서 중국에 이르는 태평양 연안에 서식하는 소형 어패류다. 바지락의 어원은 '바지라기' 라고 불리던 것이 줄어 '바지락' 으로 되었다. 동해안 지역에서는 '빤지락', 경남지역에서는 '반지래기', 인천이나 전라도 지역에서는 '반지락' 이라고 부른다. 바지락은 이름부터 재미있어, 껍데기들끼리 부딪칠 때마다 "바지락 바지락" 소리가 난다고 해서 바지락이 되었다. 바지락은 우리 국민이 가장 많이 먹는 수산물 중 하나로 조개류 가운데 굴·홍합 다음으로 흔한 '서민의 조개' 다.

바지락은 대개 모래·진흙이 섞인 바닷가에서 채취된다. 껍데기가 보통 길이로 4㎝, 높이가 3㎝까지 자라며 길이는 6㎝에 이르는 대형도 있다. 제철은 3~5월로, 여름(7~8월) 산란기를 대비해 몸집이 크게 자라는 시기다. 이때 채취한 것이 속살이 가장 탱탱하며 맛도 가장 뛰어나다. 6월이 지나 장마철에 채취한 바지락은 젓갈용으로나 쓰인다. 그러나 여름철 산란기엔 중독의 위험이 있으므로 이때는 바지락 섭취를 삼가는 것이 좋다.

필자가 광주 조선치대에 근무할 시절 여름 방학 중에 학생들을 인솔하여 전라남도 진도로 진료 봉사를 간 일이 있었다. 당시 진도군수는 진도출신으로는 처음으로 임명된 박종평 씨로 이 분은 말단서기에서 출발하여 군수가 된 입지적인 분이다. 더욱이 이분의 자제(박행철군, 졸업 후 경기 고양시에서 개업)가 당시 필자가 몸담고 있던 조선치대에 재학하고 있었다.

하루는 군수님이 짬을 내어 우리 학생들을 격려차 오셔서 바닷가에서 점심을 같이 한 일이 있었는데 바닷가에서 어선이 바다 바닥에 그물질을 하고 있는 것이 먼발치에서 보였다. 갈퀴 같은 것으로 바다 바닥을 훑고 있었는데 바로 바지락 잡이 중이라는 것이다. 필자는 그 후에 식당에 나오는 바지락조개 요리를 볼 적마나 그 무더운 염천에 고생하던 어민들의 노고를 생각하곤 한다.

바지락은 고열량(100g당 68㎉)·저지방(0.8g)·고단백 식품(11.5g)으로 거기에 더하여 바지락에는 메티오닌·타우린 같은 아미노산이 풍부한 웰빙 식품이다. 음주할 때나 다음날 숙취로 고생할 때 바지락 국물을 마시라고 권하는 것은 이 두 아미노산의 존재 때문이다. 메티오닌은 근육을 만드는 단백질의 합성도 돕는다.

또한 바지락 100g엔 타우린이 1500㎎이나 들어 있으며, 조개류 중에선 전복·소라 다음으로 많다. 타우린은 콜레스테롤 농도를 낮추고 간의 해독을 돕는 성분으로 알려졌다. 시력 개선·피로회복에도 이롭다. 피로회복제로 시판 중인 드링크 제품에도 타우린이 함유된 것은 당연한 이유다.

바지락은 철분·아연·칼슘·구리·마그네슘 등 미네랄이 풍부하게 포함되어 있다. 철분(100g당13.3㎎)은 빈혈 예방, 아연은 성장기 어린이 발육, 칼슘(80㎎)은 뼈와 치아 건강, 구리(130㎎)는 체내 항산화 효소인 슈퍼옥사이드 디스무타아제(SOD)의 생성을 돕는다.

그 외에도 간을 보호해주는 메티오닌 등의 필수 아미노산과 리신, 히스티딘, 비타민B, 다량 함유하고 있으며 간 기능이 약해져 간에 지방이 쌓이는 것을 방지해주는 베타인이라는 성분이 함유되어 있다. 또한 콜레스테롤을 줄이고 혈액순환을 좋게 해 고혈압과 동맥경화를 예방하는 효과도 있다.

바지락의 섭취가 간질환에 도움을 준다는 사실은 오래전부터 전설같이 알려져 있다. 약으로도 치료 효과를 기대할 수 없을 정도로 진행된 중증의 간질환 환자가 바지락을 삶아 나온 물을 졸여 지속적으로 먹고 나서 간 수치가 의사도 놀랄 정도로 회복된 예가 흔히 회자되곤 한다. 또한 바지락에는 면역력을 높여 주는 defensin이라는 아미노산 물질이 있어서 항암작용 내지는 균의 감염으로부터 우리 몸을 보호하는 작용이 최근에 보고된 바 있다.

요즈음에는 바지락 칼국수가 인기가 있어서 바지락하면 칼국수를 연상하게 되었다. 바지락을 먹는 방법은 국, 무침, 찌개, 전, 젓갈 등으로 다양하여 서민에게 친숙하며 가격조차 저렴하니 참으로 좋은 식재료다. 별로 솜씨를 부리지 않아도 자연스레 나타나는 바지락의 고소하면서도 아릿한 맛은 그야말로 일품이다. 조리 시 바지락의 선도와 해캄의 제거만 신경 쓴다면 어느 식재료와도 어울릴 수 있고 언제 어디서나 즐길 수 있는 그야 말로 '국민의 조개' 라 할 수 있다.

백합조개 : 예쁘고 잘 맞물려 부부화합 상징

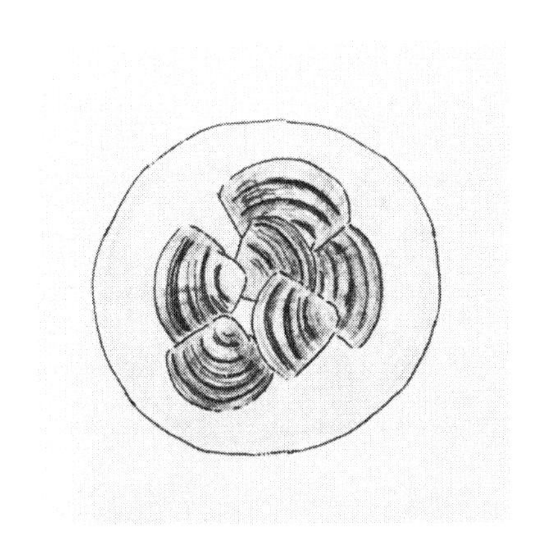

백합(白蛤)은 진판새목 백합과에 속하는 조개로 학명은 Meretrix lusoria이며 약 백여 종이 서식하고 있다. 백합의 크기는 껍데기 길이가 약 90mm, 높이는 약 72mm, 너비는 약 43mm이다. 몸의 빛깔은 암갈색에서 회백갈색으로 다양하며 광택이 난다. 또 흑갈색의 넓은 띠가 팔자(八字) 모양을 하고 있으며, 안쪽 면은 흰색이다. 뒤쪽 끝이 뾰족한 편이며 양 껍데기를 닫으면 사이에 틈이 벌어진다. 두 장의 껍데기를 연결시키고 있는 인대(靭帶)는 검은색으로 짧고 크게 튀어나와 있다. 민물의 영향을 받는 조간대 아래 수심 20m까지의 모래나 펄 등에서 서식한다.

성장함에 따라 이동하는 습성을 갖는다. 어린 조개는 한천질의 끈을 내서 조류를 타고 이동한다. 어릴 때에는 강 하구의 삼각주와 같은 가는 모래 질이 많은 곳에 서식하고, 자라면서 담수의 영향을 받는 만(灣)의 모래가 많은 얕은 바다로 이동하여 서식한다. 수온이 10℃ 정도 되는 4월 하순에 성장하기 시작하며, 겨울철에 수온이 10℃ 이하로 내려가면 성장을 멈춘 후 겨울을 난다. 산란기는 5~11월이다. 우리나라, 일본, 타이완, 중국, 필리핀, 동남아시아 등에 분포한다.

백합은 기본적으로 갈색 바탕에 여러 가지 모양을 가지고 있지만 그 모양이 백가지 모양이 있다고 해서 백합(百蛤)이라고 부른다. 백합은 이매패류(좌우 동형으로 이가 마음)에 속하며, 상합· 생합 대합· 피합· 참조개 등의 다양한 방언으로 불리기도 한다.

우리나라의 경우, 함경남도를 제외한 연안 전해역에 걸쳐 분포하며, 수산업상 중요한 패류로써 서해안에서 많이 양식하고 있다. 조개 중의 조개 백합은 새만금갯벌의 대표적 특산물로 전국 생산량의 80% 이상이 부안의 계화도 갯벌이나 김제의 거전, 심포갯벌에서 나온다.

백합은 하구갯벌이 잘 발달된 고운 모래펄 갯벌을 선호한다. 새만금갯벌은 만경강과 동진강이 유입되면서 하구갯벌이 잘 발달돼 백합이 서식하기에 적합하다. 수 년 전에 고등학교 동창들이 모이는 등산모임에서 전북 부안의 내소사를 다녀오는 길에 계화도 바닷가에서 백합죽으로 저녁을 먹고 온 일이 있었다. 사실 필자는 조개요리를 먹기는 먹되 별로 즐기지는 않는 편이다.

그러나 백합요리에 관한 한 그날 선입관을 완전히 접고 그야말로 그 맛에 몰입하였다. 그리고 같이 간 일행들도 먹기에 너무나 바빠서 조용하였고……. 뽀얗고 구수한 죽과 전, 무침 등이 상에 놓이자마자 곧 바로 바닥을 드러냈다.

그간 대합조개에 대한 말을 많이 들었다. 서울로 오는 길에 잠시 들른 그곳 어시장에서의 백합가격이 전복 가격에 못지않게 비싸서 적잖이 놀랐었는데, 그 맛에 우리 일행은 또 한 번 더 놀랐다. 과연 소문난 백합의 맛에 백합의 비싼 가격이 수긍할만 하였다.

백합은 전복에 버금가는 고급 패류이다. 궁중 연회 시에 쓰였으며, 껍데기는 약품 용기 또는 바둑의 흰 돌로 이용된다. 다른 조개와 달리 필요한 때를 제외하고는 입을 열지 않는다. 모양이 예쁘고 껍데기가 꼭 맞게 맞물려 있어 '부부화합'을 상징하여, 일본에서는 혼례음식에 반드시 포함된다. 백합은 먹는 방법도 다양하여 회, 죽, 탕, 구이, 찜 전 등으로 조리한다.

백합은 크게 두 종류로 나뉘는데, 백합과 중에서 우리나라에 많이 서식하는 종은 백합(학명 Meretrix Lusoria)과 말백합(학명 : Meretrix Petechialis)이 있다. 백합은 패각에 밤색 나이테가 선명하고 폭이 긴 타원형이다. 말 백합은 패각에 톱니 모양(∧∨)의 무늬가 있고 일반 백합보다 둥근 모양이다. 학자에 따라 입수관 개구부에 있는 촉수·형태 등 두 종의 차이를 말하지만 색채와 형태에서 지방적인 변이가 심한 점 등을 미루어 볼 때 백합과 말 백합의 명백한 구별은 매우 어렵다.

백합은 조개 여왕으로 불린다. 지역에 따라 조개 중 최고의 조개라 하여 상합(上蛤), 날로 먹을 수 있는 조개라고 생합(生蛤), 크기별로 나누어서 부를 때는 작은 것은 소합(小蛤), 중간 크기는 중합(中蛤), 큰 것은 큰 조개라는 뜻으로 대합(大蛤)이라 부른다. 그러나 두 종이 서로 비슷한 백합과 말 백합을 통칭으로 백합이라 부르기도 하지만 시중에서 통상 백합으로 판매되는 대부분의 백합은 말 백합이다. 증도에서도 말 백합을 백합이라 부른다.

말 백합에는 타우린(함량 333.6㎎/100g)과 베타인, 글리코겐, 아미노산, 핵산류, 호박산 등 뛰어난 성분이 많이 들어있다. 특히 타우린과 베타인은 알코올 성분 분해를 도와서 술 마신 뒤 간장을 보호한다. 글리코겐 성분은 정혈 작용이 있어 피로회복에 도움을 주고 피부 미용에도 좋다.

한방에서는 체질적으로 열이 많은 소양인과 태양인에게 좋은 음식으로 성질이 차면서 단맛이 나고 열을 내려주는 해독기능 등이 있는 것으로 알려져 있다. 지방 성분이 적은 반면에 단백질과 칼슘·인·철 등 무기질, 비타민 B2가 풍부해 어린이의 성장 발육, 성인병, 노화 예방에도 탁월한 효과를 나타내는 우수한 식품이다.

밴댕이 : 초여름 산란기 앞두고 영양분 비축 맛 최고

예부터 속이 좁고 너그럽지 못한 사람을 일컬어 '밴댕이 소갈머리', '밴댕이 콧구멍' 같은 말로 비유하고 있다. 그러나 그런 밴댕이가 이미 오래전부터 우리 선조들의 입맛을 맞추어 왔고 더구나 세종11년(1492년) 7월 ≪세종실록≫ 계해조(癸亥調)에 의하면 명나라 황제에게 진상하는 물목 중에 밴댕이젓이 소어자(蘇漁鮓)로 한 곳을 차지하여 '황제의 밥상'에 오를 정도이었으니 변방 임금님의 수라상 쯤(?)이야 일러 무삼하리오. 밴댕이를 임금께 올리기 위해 경기 안산엔 소어

소(蘇魚所)까지 설치되었을 정도였다. 안산 앞 남양만에서 잡힌 밴댕이가 시화호 간척으로 사라진 별망성 인근 사리포구를 거쳐 동빙고와 서빙고에서 얼음을 꺼내 신선도를 유지하면서 한양으로 들어갔음이 정조 때 '일성록'(日省錄)에 기록돼 있다.

밴댕이는 청어목 청어과에 속하는 어류이며 전어, 준치, 청어, 정어리 등과 같은 어종이다. 학명은 Sardinella zunasi Bleeker, 1854, 한자어로는 소어(蘇漁)라고 한다. 밴댕이는 바깥 바다와 면해 있는 연안 또는 내만의 모래바닥에 주로 서식하며, 강 하구부근까지 올라간다. 우리나라 서·남해, 일본 북해도 이남, 동남아시아 등에 분포한다. 산란기는 6~7월로 내만에서 부유성 알을 낳는다. 봄부터 가을까지는 수심이 얕은 만이나 하구부근에 머물다가 겨울이 되면 수심 20~50m인 연안, 만 중앙부로 이동하여 월동하며, 담수의 영향을 받는 하구 부근에 자주 출현한다. 육식성으로 주로 동물성 플랑크톤을 먹는다.

몸은 약간 가늘고 길며, 매우 납작하다. 아가미뚜껑의 가장자리에는 2개의 육질돌기가 있다. 아래턱은 위턱보다 돌출하고, 한 줄의 작은 이빨이 나 있다. 등지느러미는 몸의 중앙에 위치하며, 그 아래에 배지느러미가 위치한다. 뒷지느러미는 몸 뒤쪽에 위치하며, 꼬리지느러미는 깊게 파여 있다. 비늘은 둥근 비늘로 크고 떨어지기 쉽다. 입은 거의 수직으로 위쪽을 향해 있다. 몸 빛깔은 등 쪽은 청록색, 배 쪽은 은백색을 띤다. 전장 15cm까지 성장한다.

"집 나간 며느리를 가을엔 전어가, 봄엔 밴댕이가 불러들인다"는 우스갯소리가 있다. 밴댕이는 배 부위가 은백색인 전어와 비슷하게 생겼지만 옆구리에 검은 점선이 없다. 둘 다 기름져 고소하지만 밴댕이가 좀 더 담백한 맛이 난다. 육질은 연하면서도 씹히는 식감이 살아 있다.

5, 6월 밴댕이는 산란기에 앞서 영양분을 가장 많이 비축해 놓기 때문에 최고의 맛을 자랑한다. 겨울에 바닷속에서 지내다가 꽃게 이동 경로와 비슷하게 연안으로 이동한다. 7월 중순부터 산란에 들어가고, 가을엔 속살이 다 빠져나간다. 이들은 밴댕이의 고소한 맛과 참치처럼 입에서 녹는 것 같은 느낌에 반해 농어나 도미를 제치고 '횟감 지존'으로 꼽기도 한다. 밴댕이는 서해와 남해에서 두루 잡히지만 강화도산을 으뜸으로 친다. 한강 예성강 임진강이 바다로 흘러드는 강화 연안이 밴댕이에게 최고의 서식지로 꼽히기 때문이다.

필자는 바다가 생각날 때면 가끔씩 강화도 외포리 포구를 찾곤한다. 강남의 필자의 집에서 아침 일찍 출발하여 올림픽대로를 지나 한강변 제방도로를 달려 전유리 포구를 지나 강화대교를 통과하여 강화도 외포리 선착장에 도착한다. 갯내음을 맡으며 갈매기 나는 바다도 보고 근처 재래시장에서 온갖 종류의 젓갈과 서해안에서 갓 잡아온 별별 해산물들을 놀랄만한 착한가격(?)에 한 보따리 사고, 근처 횟집에서 그득한 회 한 접시를 즐기면서 늦은 아침을 먹고 되돌아올라 치면 그제야 강화대교를 건너 강화도로 들어오는 차가 그야 말로 거북이걸음으로 엉금엉금 기어오는 반대편 차선의 모습을 여유

롭게(?) 구경하며 돌아오곤 한다. 오는 길에 강화 인삼시장과 풍물시장을 들르는 것도 쏠쏠한 재미를 더해 준다. 더구나 이른 봄에서 초여름까지 맛볼 수 있는 밴댕이회의 고소한 맛은 빠질 수 없는 별미이다. 밴댕이를 초장에 찍어 먹으면 기름기가 많아서 부드럽고 고소하지만 맛은 의외로 담백하다.

얇은 밴댕이를 회를 쳤으니 회의 두께가 가히 얼마나 얇을지는 상상에 맡긴다. 이발소의 면도칼처럼 생긴 회칼로 밴댕이의 잔가시를 다치지 않고 단번에 도려내어 회를 치는 솜씨는 거의 신기(?)에 가까워 놀랄 지경이며 얇은 밴댕이회를 씹을라치면 고소하면서도 약간 기름진 맛이 온 입안을 가득 메우고 씹을 것도 없이 술술 넘어간다. 그 얇은 밴댕이를 회까지 처서 즐기는 우리의 음식문화에 새삼 놀라울 뿐이다.

밴댕이는 회, 구이, 초무침, 젓갈 등으로 먹으며 오랫동안 밴댕이 하면 젓갈이라는 인식이 우선하는 민초들에게 회나 초무침 등은 다소 생소한 음식으로 다가온다. 소래포구나 강화도 외포리에서는 밴댕이 정식이 식도락가의 미각을 돋우고 있다.

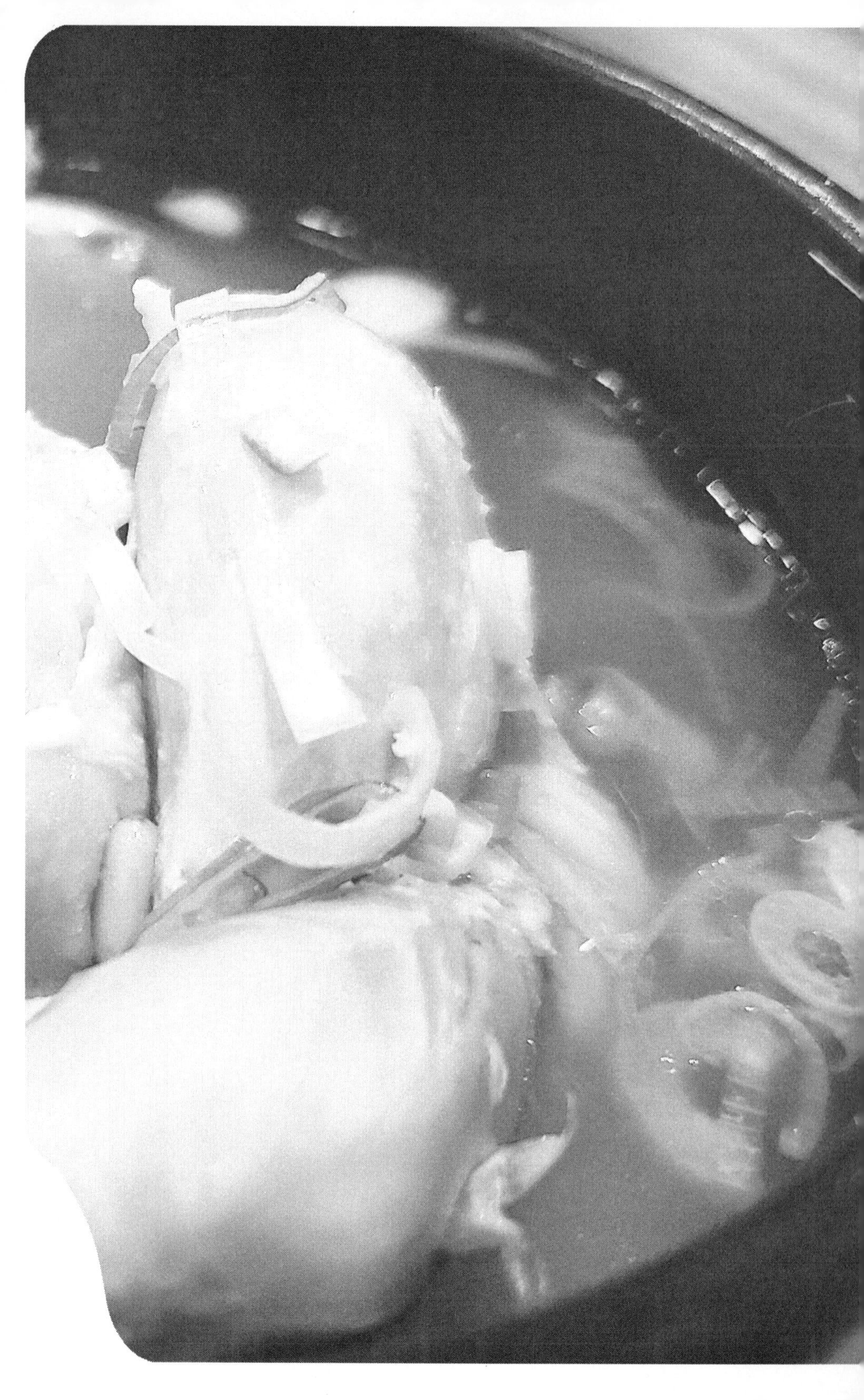

공(空)권에 나오는 음식탐구

1. 계륵 : 닭은 금기시 하지 않는 친근한 식재료
2. 꿩고기 : 성인병 예방과 미용식에 좋아
3. 비둘기 : 기름기 없고 담백하며 보드라운 맛
4. 삼계탕 : 수놈 성징 두 달된 병아리가 영계백숙

계륵 : 닭은 금기시 하지 않는 친근한 식재료

계륵(鷄肋)은 고사성어다. 한국어로 그대로 풀어보면 '닭의 갈비' 라는 뜻이다. 실생활에서는 큰 쓰임이나 이익은 없지만 버리기는 아까운 상황이나 물건을 나타낸다. 이 말은 원래 《후한서(後漢書)》의 〈양수전(楊修傳)〉에서 처음 나온 용어이다. 당시 위(魏)나라의 승상 조조(曹操)는 촉(蜀)나라의 군주 유비(劉備)와 한중(漢中) 땅을 놓고 싸우고 있었다. 이 와중에 그는 진격하는지 퇴각하는지에 관해 큰 고민에 빠져 있었다. 늦은 밤 암호를 정하기 위해 찾아온 하후돈(夏侯惇)에게 조조는 단지 계륵이라고만 할 뿐 다른 언급은 전혀 하지 않았다. 하후돈은 돌아가 장수들과 계륵이 무슨 뜻인지 서로 이야기하였으나 아무도 영문을 알지 못했다. 이 상황에서 조조의 부하 중 한 명이었던 양수는 곧바로 짐을 꾸리기 시작했다.

장수들이 의아해 하는 가운데, 양수는 "닭갈비는 먹을만한 살은 없지만 그대로 버리기에는 아까운 부위이다. 결국 이

장소를 버리기는 아깝지만 대단한 땅은 아니라는 뜻이니 버리고 돌아가기로 결정이 내릴 예정이다(夫鷄肋 食之則無所得 棄之則如可惜 公歸計決矣)"라고 언급하였다. 조조는 이튿날 한중 땅에서 철수 명령을 내렸다. 이후 이익은 없지만 버리기는 아까운 상황이나 물건을 나타내는 의미로 쓰여 지고 있다.

닭은 어느 민족이나 종교에서도 금기시 하지 않는 친밀한 식재료이며 인류는 오래전부터 닭고기를 즐겨왔고 닭의 부위를 다양하게 나누어 취향 껏 즐기고 있다. 미군이 한국에 진주하여 주둔한지 어언 70여년이 넘었지만 그들이 전쟁 초기에 모든 군수품 과 식료품을 미국 본토에서 공수하여 썼다. 그나마도 조금 지나서 채소류 등 일부 식료품 등은 일본에서 공수 되었다. 그 당시의 한국의 모든 사회적 여건이 미국이 생각하기에 만족할 만한 수준이 아닌 것도 있겠지만 전시체제 하에서 한국의 모든 주위 환경과 위생수준을 믿지 못하겠다는 미국의 까다로운 입찰 표준 규정을 만족 시킬 수 없는 한국의 현실을 들 수 있다.

미국 사람들은 닭다리, 닭 날개를 특히 좋아하고 닭갈비나 닭 가슴살은 그리 즐기지 않는 경향이 있다. 여하튼 어렵사리 닭다리와 닭 날개만을 미군에 납품하게 되었고 남은 닭의 부산물인 계륵이 처치곤란(?)한 지경에 이르러서 고심하다가 이것을 이용하여 고육지책으로 선보인 음식이 닭갈비라고 하는 믿거나 말거나 한 말이 전설같이 전해 오고 있다. 닭갈비가 팔리는 곳이 미군이 주둔하고 있는 기지촌 주변이니 그

말이 사실무근인 것은 아닌 것은 아닌 것 같다.

그러나 닭갈비의 시초에 대해서 다른 의견이 전해오고 있다. 즉 1960년 어느 날 당시 춘천시 중앙로2가 판자로 지은 조그만 장소에서 돼지고기 등으로 영업을 하던 김영석이 돼지고기를 구하기가 어려워 닭 2마리를 사 와서 토막 내어 돼지갈비처럼 만들어 보겠다고 하여, 연구 끝에 닭을 발려서 양념하여 12시간 재운 뒤 숯불에 구워 '닭불고기' 라는 이름으로 판매하기 시작한 것이 닭갈비의 유래라고 한다. 1970년대 들어 춘천의 번화가 명동의 뒷골목을 중심으로 유명해지기 시작하여, 휴가 나온 군인과 대학생들로부터 값 싸고 배불리 먹을 수 있는 요리로 각광받았다.

춘천에서 닭갈비가 발달한 배경 중 하나는 춘천지역이 양축업이 성했고 도계장이 많았기 때문이다. 닭갈비는 지금도 그 맛과 양에 비해 가격이 저렴하지만 당시에는 대단히 싸서 별명이 '대학생갈비', '서민갈비' 였다. 춘천시는 2005년부터 매년 가을 춘천의 닭갈비를 홍보하는 '닭갈비 축제' 를 주최하고 있고 2008년부터 '막국수 축제' 와 통합되어 동시에 개최되고 있다.

오래전 필자의 동문 치과의사회에서 부부동반으로 춘천에 간 일이 있었다. 춘천 호반의 호텔에 여장을 풀고 춘천 명동의 닭갈비 골목에서 그 곳의 명물 닭갈비를 즐겼었다. 프라이팬에 매큼하게 토막 쳐진 숙성된 매운 닭갈비 덩이를 넣고 양배추 썬 것과 고구마를 투박스럽게 길쭉길쭉하게 썬 것을 섞어 센 연탄불에 볶아 눈물이 찔끔 나도록 매운 맛에 입을 호호 불며 먹던 것이 기억에 남는다. 사람에 따라 기호가 다르겠지만 기회가 되면 한번 먹어 볼만 하기는 해도 일부러 닭갈비의 맛에 반하여(?) 그것을 먹으려고 불원천리 먼 곳을 찾아 갈만한 수고를 할 필요(?)가 있을까 하던 생각이 난다.

닭갈비의 요리법은 다양하지만 닭갈비하면 유독 춘천식으로 조리된 닭갈비가 대표적인 양 연상되게 된 이유는 방송매체의 독점적인 보도(?) 때문이 아닌가 생각된다. 사실은 춘천식 닭갈비 조리법 말고도 얼마든지 닭갈비의 맛을 즐길 수 있는 요리법이 많기 때문이다. 여하튼 주머니가 가벼운 서민의 한 끼 먹거리로서의 역할로는 충분하다고 하겠다.

꿩고기 : 성인병 예방과 미용식에 좋아

꿩은 닭목 꿩과에 속하는 조류로 학명은 Phasiannus colchicus 이다. 풀밭, 농경지, 잡목림, 낙엽수림에 서식하며 우리나라와 몽골 북부, 칠레, 만주, 일본등지에 분포한다. 꿩은 "꿩-꿩-"하고 울기 때문에 꿩이라고 불리며 실제로 들어보면, 무슨 금속 양동이 두들기는 것처럼 굉장히 높은 쇳소리로 운다. 꿩은 전체 길이가 대략 수컷 80cm, 암컷 60cm 정도이며 생김새는 닭과 비슷하나 꼬리가 길고 발톱이 5개다. 수컷과 암컷의 몸 빛깔은 확연하게 차이가 나서, 흔히 빛깔이 고운 수컷을 장끼, 빛깔이 곱지 않은 암컷은 까투리라고 부른다. 새끼는 병아리처럼 생겼지만 다리가 길어서 매우 어색하게 보이는데 이를 '꺼병이'라고 불렀으며 이것이 변한 '꺼벙이'는 조금 어눌해 보이는 사람을 지칭할 때 사용하는 말이 되었다.

꿩은 우리 민족과 오래전부터 가까이 해온 새이다. 옛 중국 문헌인 ≪명의별록(名醫 別錄)≫이나 ≪식의심경(食醫心鏡)≫에도 꿩요리가 기력을 높이고 설사를 멎게 하며 간을 보호하고 눈을 맑게 한다고 기록되어 있으며, ≪동의보감(東醫寶鑑)≫ 탕액편(湯液編)에도 꿩고기의 효능에 대해 기록되어 있다. 실제로 꿩은 다른 육류와 달리 육류 100g 가운데 단백질 24.4g, 지방 4.8g, 회분 1.1g, 칼슘 14mg, 인 263mg, 철 0.4mg 등이 함유되어 있으며 양질의 단백질과 몸에 좋은 지방산이 많이 함유되어 성인병을 예방하고 미용식으로도 좋다.

조우(鳥羽;새 깃털) 장식 풍습은 수렵시대부터 유래돼 북방 유라시아 기마민족 사이에서 오래 전부터 있었으며, 이미 중국 조(趙)나라 무령왕(武寧王)이 호복(胡服)을 채용할 때 수꿩(준-鵔)의 꼬리털을 관에 장식하고 조정에 나갔다는 기록이 있다(漢 高琇 註, ≪淮南子 3≫ 卷21). 이러한 풍습은 한반도에도 전해져서 삼국시대의 관모 좌우에 새 깃을 꽂아 귀천과 신분을 가렸다. 신분에 따라 자연산 새 깃(鳥羽式)이나 새 꼬리털(鳥尾式), 금제 깃(金羽式)을 골라 썼다. 고구려인들은 저마다 고깔 모양의 절풍모(折風帽)을 썼는데, 사인(士人, 벼슬을 아니 한 선비)들은 새 깃을 두 개 꽂았다고 한다(≪北史≫ 東夷傳 '高句麗' 조). 고구려 시대 유적 중 무용총(舞踊塚, 4세기 말~5세기 초) 주실 오른쪽 벽의 마상(馬上) 수렵자가 바로 이런 조우관(鳥羽冠)을 쓰고 있다. 그 외에도 중국을 비롯한 중앙아시아의 벽화 유물에서도 조우관을 쓰고 있는 삼국시대의 인물상이 여러 곳에서 발견되고 있다.

또한 우리민족을 일컫는 동이족의 대표적인 특기인 활에도 화살 끝에 꿩의 깃털을 꼽아 화살이 날아갈 때 화살의 균형과 중심을 유지하게 하는 중요한 역할을 하며 이 기술은 지금까지 전통화살의 제조 기법으로 이용되고 있다. 꿩이 우리생활에 깊이 자리한 사실은 이조 말기에 구전으로 전해온 판소리 한마당 장끼전에서 소설화하여 아직도 그 문헌이 전해져오고 있는 것으로 잘 알 수 있다. 또한 일본의 경우는 국조로 지정되어 관심을 가지고 있으며, 일본 구 1만엔권 지폐 뒷면에도 꿩이 그려져 있다.

이조 500년 역사에 여러 부류의 탐관오리들을 꼽을 수 있으나 그중 하나가 대원군의 형인 흥인군 이최응을 들 수 있다. 이 어른의 하루는 매일 아침 아홉 개나 되는 곳간에서 그 전날 들어온 뇌물을 점검하는 것으로 시작하였는데 매일 매일 늘어나는 뇌물에 기뻐 흥에 겨워 벌어진 입을 다물지 못할 정도였고 꿩 고기와 생선이 썩어서 마을에 냄새가 진동하였다고 한다. 고종. 순종조의 가객 정가소는 흥인군의 집과 별장에 아홉 개의 곳간이 있는 것을 풍자하여, 〈흥인군 곳간 점고〉라는 판소리를 불러 세간에서는 '흥인군의 꿩고기' 라는 말이 생겨날 정도 이었다고 한다. 오죽 꿩고기를 먹어서 하초(?)가 무거웠으면 임오군란 때 쳐 들어온 구식군인들을 피해서 담을 넘다가 고환이 터져 죽었을 라고! 그래도 인척이라고 고종이 어의를 보내서 치료하게 하였다는 기록이 전해온다.

꿩은 그 습성상 여간 시급한 상황이 아니면 날지 않고 빠른 속도로 기어 다닌다. 꿩이 가장 취약한 때는 놀라서 제자리에서 갑자기 날아오르는 순간으로, 속도가 붙지 않은 이때가 꿩이 가장 느리다고 한다. 따라서 보통 꿩을 잡을 때는 사냥개를 풀어서 꿩을 놀라게 하여 날아오르게 한 직 후, 그 순간을 노려 총이나 활 등으로 비교적 수월하게 잡곤 한다.

어릴 적 필자가 시골에서 살던 시절, 온 산하가 흰 눈으로 덮이고 나면 악동들은 제철 만났다고 꿩이 콩을 좋아하는 습성을 이용하여 몇 시간이 걸려서 라도 흰콩에 구멍을 내어 속을 파내고 그 속에 청산가리를 채우고, 밥알로 때우고, 어렵사리 몇 개를 만들어 눈 위에 꿩이 잘 모이는 곳에 뿌려 놓고 하염없이 기다리면 영락없이 나타난 꿩이 그 콩을 먹고 순식간에 독이 온몸으로 퍼져서 날다가 떨어져 버린다. 이렇게 잡은 꿩은 한겨울 산촌의 별식이 되었다.

필자는 군에 입대하여 대위로 임관 후 서부전선에 위치한 부대에 근무하였다. 그 부대는 임진강 가와 휴전선에 걸쳐서 위치하고 있었는데 비무장 지대에는 꿩이 많았다. 하필이면 추운 겨울 휴일 어느 날 사단장이 비무장지대에 순시 차 불시에 나타나면 인근 예하 부대에는 때 아닌 비상이 걸려서 연대장 이하 전부대원이 초 긴장상태로 사단장을 기다리고 있었다. 그러나 기다리던 사단장은 임진강 가에서 꿩 사냥만 하고 인접부대에는 들르지도 않고 휑하니 가버리고 나서야 비로소 인접부대에서 비상이 해제 된다. 그 때 전 부대원이 경험하던 허탈감이란…….

사단장의 비무장 지대의 순시를 가장(?)한 꿩 사냥은 겨울철에 그 빈도가 잦았다. 사단장은 이렇게 잡은 꿩을 연말연시에 1인당 꿩 두 마리와 정종 한 병씩을 육군본부의 높은 분들한테 인사치례로 상납하는 것이 그 부대에서는 불문율로 전해오고 있다.

필자가 광주 조선치대에 근무할 시절, 학동에 자리한 정원식 음식점에 자주 가곤 하였다. 시내에서 가깝고 조용하고 음식 또한 정갈하였는데, 어느 해 겨울철에는 특별식으로 꿩 샤브샤브를 한다고 해서 그야 말로 오랜만에 그 기막힌 맛에 반해서 한 철을 즐긴 일이 있었다. 알싸하면서도 약간 질긴 듯 씹히는 그 맛은 정말로 나라님이나 대원위 대감도 즐겼을 만하다. 지금은 야생의 꿩을 포획하는 대신에 사육하는 곳이 많아 꿩 전문 식당을 어렵지 않게 찾을 수 있다. 꿩 샤브샤브, 꿩 만두, 꿩 매운탕, 꿩꾸미를 올린 냉면 등 음식들도 다양하여 오래전 조상들이 즐기던 꿩고기 맛을 미련 없이 즐길 수 있다.

비둘기 : 기름기 없고 담백하며 보드라운 맛

비둘기는 비둘기목(Columbiformes), 비둘기과(Columbidae)에 속하는 유해조수로서 학명은 Columba livia Pigeon이다. 전 세계 대도시에서 볼 수 있는 흔한 새 중 하나로 수명은 10년에서 20년 정도로 꽤 긴 편이다. 한국에서는 주로 천한 닭둘기의 이미지만 있지만 외국에서는 품종을 개량한 관상용 비둘기도 많다. 품종도 많고 생김새도 천차만별이다.
흔히 평화의 상징이라고도 하며, 특히 하얀 비둘기가 주로 평화의 상징으로 여겨진다. 그 이유는 2차대전에서 이긴 연합군이 추축군 처리를 위해 여러 의사회를 개최하였는데, 전시에 통신용으로 맹활약한 비둘기를 상징으로 그려 넣었었고 UN이 일을 넘겨받아 평화가 목적으로 바뀌면서 통신용 비둘기(흰비둘기 상징)가 평화의 상징으로 사용되게 되었다.
중학교 입학 이후 부모님을 떠나 서울에서 유학(?)하던 필자는 방학이 되면 선친이 교장선생님으로 계시던 시골을 찾곤 하였다. 별로 할 일이 없이 빈둥거리며 방학 내내 시간을 보내곤 하였다. 특히 시골의 겨울밤은 길기만 하다. 가로등 하나 없는 깜깜한 밤, 밖은 살을 에이는 겨울바람이 사정없이 얼굴을 할퀴며 불어대고 지금과 달리 오래전에는 TV가 있기를 하나(?), 특별한 문화 시설이 있나? 그야말로 적막강산 그것이었다.

어느 해 겨울밤에는 부친이 계시던 초등학교 숙직실로 마실을 가게 되었다. 당일 숙직 이시던 선생님과 행정직원 한 분이 계셨는데 이런저런 이야기를 하며 시간이 지나 밤이 이슥해 졌다. 시장기를 느끼신 선생님이 행정직원 보고 "오늘은 뭐 없어요?" 하니 행정직원이 "있지요" 하며 방 밖으로 나갔다. 그렇게 얼마간 시간이 흐른 후 행정직원 아저씨가 냄비에 무엇인가를 담아가지고 들고 들어와서 방안 난로에 올려놓았는데 잠시 후 맛있는 냄새가 방안을 가득히 채웠다.

문제의 냄비 속에는 숙직실 밖에 자리한 비둘기 집에서 수면 중(?)이던 비둘기 몇 마리가 손질 되어 들어 있었다. 그렇게 하여 난생 처음 맛본 비둘기 백숙(?)의 맛은 기가 막혔다! 크기는 약병아리보다 조금 작았는데 별로 양념도 없이 소금 정도로 간을 한 것이 기름기도 없고 담백하고 고기의 질감도 보드랍고 맛이 있었다. 이런 맛이니 고대 이집트의 파라오나 한국의 보신탕 문화를 가지고 시비걸어 88 서울 올림픽을 boycoat 하겠다고 으름장을 놓던 프랑스 여배우 브리지트 바르도(Brigitte Anne-Marie Bardot)의 조국 프랑스 대통령조차 사족(?)을 못 썼었나 보다!

평화의 상징이던 비둘기가 이제는 제 살길을 찾아야 할 신세가 되었다. 야생에서 생활하던 비둘기는 사람에 의해 사육되기 시작했고, 방사되면서 그 개체수가 크게 늘어나 피해를 주고 있기 때문이다. 우리나라에서는 1988년 서울올림픽과 동년 장애인 올림픽 때 많은 수의 비둘기를 방사하면서 개체수가 급격히 증가하였고, 먹성이 좋고 번식력이 뛰어나 2009년 환경부가 조사한 자료에 따르면 서울시내에만 약 35,000마리가 서식하고 있는 것으로 나타났다.

이에 공원을 비롯한 도심 곳곳에서 강한 산성의 비둘기 배설물로 건축물과 구조물 등을 부식시키고, 흩날리는 깃털 때문에 비위생적으로 불쾌감을 주어 주민들의 민원이 빗발치자, 2009년 6월 비둘기를 유해야생동물로 지정하게 되었다. 지자체에서는 다양한 비둘기 퇴치방법의 일환으로 모이주기 금지, 행사용 방사 금지, 비둘기 둥지 알 수거 등의 방법으로 개체수를 점차 줄여나가는 방법을 모색하고 있다.

비둘기는 귀소본능이 뛰어나 기원전 이집트에서부터 사람에게 사육되어 통신용으로 이용되었고, 전쟁 때는 편지를 보내는 '전서구' 로서 활약했다. 우리나라에서도 6・25전쟁 때 미군이 이용한 기록이 남아있다. 비둘기가 집을 잘 찾는 이유는 첫 번째로 태양의 빛을 보고 판단할 수 있다는 '태양방향 판정설' 과 두 번째로 본능적으로 지구의 자기를 느껴 방향을 잡는다는 '지자기 감응설' 이 있는데, 태양이 없는 밤에도 이동하는 점으로 미루어 지자기 감응설에 무게가 실리고 있다. 현재는 통신기기의 발달로 거의 쓰이지 않고 있으며, 대신에 서유럽과 중화권에서 경주비둘기로 각광을 받고 있다.

비둘기 고기를 Squab 이라고 하는데, Squab 스테이크는 미국/유럽에서 파인 다이닝 메뉴 중 하나이며, 미쉐린 가이드에서 별을 딴 레스토랑에서도 심심찮게 나온다. 원래는 비둘기 요리는 지중해 연안의 요리였다. 이곳 자체가 비둘기의 원산지이기도 하고. 이집트에서는 '하맘 마슈위' 라는 요리가 있는데 결혼식 날 장모가 사위에게 만들어주는 요리로 유명하다. 중국에서도 당연히 비둘기를 식용으로 쓴다. 주로 구이로 내놓는 경우가 많은데, 먹어본 사람들에 의하면 맛있다고 한다. 그밖에 아랍인들은 닭 키우듯이 비둘기를 키운다.

터키 요리에서도 마르딘, 샨르우르파, 하타이도 같이 아랍문화가 강한 지역에서는 비둘기를 양념에 절여서 구워 먹기도 하고 치킨처럼 튀겨먹기도 한다. 일본 레스토랑에서도 고급 요리로 파는 경우가 있다고 한다. 중국에서도 치킨처럼 비둘기구이를 먹기도 한다.

세르비아 군의 사라예보 봉쇄 때에도 봉쇄로 인해 식량이 모두 떨어졌을 때, 보스니아 저항군이 거리의 비둘기를 사냥해 먹은 것은 유명하다. 북한 김정일도 생전에 비둘기 요리를 매우 좋아하여, 비둘기를 간장에 절인 뒤 쪄서 만드는 비둘기 간장찜을 특히 좋아했다고 한다.

우리나라 천연기념물 215호 흑비둘기는 야생비둘기 무리 중 가장 큰 새로 한국, 일본 남부, 중국 등지에 분포한다. 울릉도에서는 검다 하여 '검은 비둘기(흑구:黑鳩)' 또는 울음소리 때문에 '빼꿈새' 라고도 부른다. 몸길이는 32㎝ 정도로 암수 동일하며, 몸 전체가 광택이 나는 검은색이다. 부리는 검은 빛을 띤 회색이고, 다리는 붉은색이다. 바닷가나 크고 작은 섬에서 서식하며 특히 후박나무 숲이나 동백나무 주변에서 산다.

흑비둘기는 한정된 지역에만 분포하는 희귀한 텃새이므로 생물학적 보존가치가 높아 천연기념물로 지정·보호하고 있다. 이런 귀한 흑비둘기의 맛이 좋다고 하여 섬의 일부 주민들의 식용(?)으로 애용(?)되고 있는 무지의 소치가 일어나고 있으니 애석한 일이다.

삼계탕 : 수놈 성징 두 달된 병아리가 영계백숙

신라의 고도 경주의 반월성 옛터 서쪽에는 느티나무가 우거진 작은 숲이 있는데 이곳이 김 씨의 시조인 김알지가 태어난 곳으로 2천 년간의 신비를 간직한 경주계림(慶州鷄林)이다. 삼국유사에 의하면 흰빛 닭 울음소리로 찾아간 숲 속에서 발견한 금궤 안에서 태어났다는 아이는 경주 김 씨의 시조가 되어 그의 후손이 신라의 13대 미추왕이 되었다. 신라 건국 때부터 있어 시림이라 불리던 것을 김알지가 태어난 뒤로 계림이라고 하였고 신라의 국호로 사용된 적도 있다. 삼국 중 신라가 유독 알에 관한 탄생 설화가 많고 또 가야시대 유물 중 달걀껍데기가 담긴 토기가 발견된 것 등으로 미루어 보아 우리는 이미 삼국시대부터 닭을 사육하고 닭요리를 해 먹은 것으로 여겨진다.

동의보감(東醫寶鑑)에는 "황색의 암탉은 성평(性平)하고 소갈을 다스리며, 오장을 보익하고 정(精)을 보할 뿐 아니라 양기를 돕고 소장을 따뜻하게 한다", "인삼, 성온(性溫)하고 오장의 부족을 주치하며 정신과 혼백을 안정시키고 허손(虛損)을 보한다"고 기록되어 있다.

여름철 보양식으로 즐겨 먹는 음식이 영계백숙(嬰鷄白熟)이다. 영계는 살이 연한 닭을 써야 한다는 의미에서 연계(軟鷄)라는 설이 있으나, 병아리에서는 이제 막 벗어났지만 아직 알은 낳지 않은, 한창 피어오르는 닭이란 의미에서의 영계(英鷄)라는 설도 있고, 민속학자 최상수(崔常壽)는 부화한 지 한 달 정도 되어 이제 닭 티가 나려는 어린 닭이라고 하였다. 즉 병아리와 중닭의 중간 정도 닭을 말한다.

영계백숙이란 고기 맛이 가장 좋은 때의 어린 닭에 아무것도 넣지 않고 통째로 삶아 낸 음식을 의미한다. 그러나 현재의 영계백숙의 재료는 양계장에서 키우는 감별한 병아리라도 벼슬이 나기 시작해서 수놈으로서의 성징이 나타나는 생후 두 달된 병아리로서 성계가 될 때까지 키우는 사료 값을 줄이고, 또 이때가 고기 맛이 가장 좋은 시기이므로 영계백숙의 재료로 쓰고 있다. 1670년 발간된 국내 첫 한글 고조리서인 〈음식디미방(飮食知味方)〉에 이미 연계찜(영계찜)과 수증계(닭찜) 조리법이 나와 있다.

어릴 적 필자는 그야말로 약골이었다. 생후 며칠 후 감염된 백일해로 죽을 고비를 넘기고 나서는 일사 후퇴 시에는 피난길에 굶주리다가 허겁지겁 먹은 무청절임에 체해서 복학으로 진행되어 배가 남산만하여 가쁜 숨을 몰아쉬면서 몇 년을 고생하지 않나, 초등학교 시절은 소아결핵으로 다시 삼사 년을 주사와 약을 달고 살았으니 부모님의 걱정은 그칠 날이 없을 정도였다.

요즈음에야 결핵이 병에 들지 않을 정도로 다양한 약이 개발되었지만 필자가 어릴 적만 해도 PAS와 streptomycin 밖에 없었다. 더욱이 병원에서는 소모성 질환이니 잘 먹이라고 하나 당시 선친은 박봉의 초등학교 교장으로 여러 자식을 공부시키려니 외아들이지만 나만 혼자 잘 먹일 수가 없어 부모님이 생각한 영양공급의 수단이 양계였었다.

매일 아침 깨어나자마자 날계란 하나씩을 먹고 새봄에 무감별 병아리를 사다가 기르기 시작하여 그 병아리가 자라서 중닭이 될 때까지 시도 때도 없이 제공되는 어머님 표 영계백숙이 내 영양보충의 원천이었다. 신토불이라고 하지만 어릴 적 먹고 자란 음식을 후에도 자주 찾게 되어 요즈음도 필자는 배가 출출할 때면 갈비 한 대 보다 닭다리 한 개가 생각나곤 한다. 영계백숙에 인삼을 추가한 것이 삼계탕이다. 1942년에 발간된 조리서 〈조선요리제법〉에 소개된 백숙 조리법은 지금의 삼계탕과 거의 비슷하다.

흔히 알고 있는 것과 달리 삼계탕의 본래 이름은 계삼탕(鷄蔘湯)이다. 1748년 유득공(柳得恭)의 경도잡지(京都雜誌), 이조 말 김매순(金邁淳)의 열양세시기(烈陽歲時記)와 홍석모(洪錫謨)의 동국세시기(東國歲時記) 등에는 계삼탕에 대한 기록이 두루 나타나 있다. 또한 우리말 사전에도 계삼탕을 '어린 햇닭의 내장을 빼고 인삼을 넣어 곤 보약' 이라고 풀이하고 있다. 후에 삼계탕으로 변형된 것은 언론인 조풍연(趙豊衍)의 인삼 효능이 잘 알려진 이후 자연스레 상업적 의미로 변형된 것으로 보아야한다고 하였다.

이렇게 삼계탕은 오랜 세월을 지나며 명칭이 조금씩 변형되었지만 우리 민족이 전통적으로 지켜온 약식동원(藥食同源) 사상, 즉 좋은 음식은 약과 같다는 사상을 가장 잘 나타내는 음식이다. 삼계탕의 조리에는 특별한 비법이 없어 가정에서 손쉽게 해먹을 수 있으나 돈암동의 삼계탕 집이나 광주직할시 옛 도청 부근의 삼계탕 맛은 도저히 흉내 낼 수 없는 맛을 자랑하여 필자가 모시고 갔던 외국학자들도 탄복한 바 있다. 삼계탕이야 말로 진정으로 우리나라 사람과 함께한 오래된 보양식으로 특히 복날에 그 인기가 높다.

陸海空(육해공) 속에서 찾아낸
우리나라 음식 비밀

음식탐구1

초판 발행일 / 2021년 1월 10일
지은이 / 조재오
발행처 / 뱅크북
출판등록 / 제2017-000055호
주소 / 서울시 금천구 가산동 시흥대로 123 다길
전화 / 02-866-9410
팩스 / 02-855-9411
email / san2315@naver.com
ISBN / 979-11-90046-17-6 (03590)